Der **perfekte** Orchideenführer

Brian & Sara Rittershausen

Der **perfekte**

Orchideenführer

EDITION XXL

Erstveröffentlichung in Großbritannien 2000
unter dem Titel „Orchid Basics"
by Hamlyn Octopus,
part of Octopus Publishing Group Ltd,
2-4 Heron Quays, Docklands,
London E14 4JP

Copyright © 2005
Octopus Publishing Group Ltd
All rights reserved

Genehmigte Lizenzausgabe
EDITION XXL GmbH
Fränkisch-Crumbach 2007
www.edition-xxl.de

Übersetzung: Dr. Peter Albrecht
Satz: REAL Satz + Druck GmbH

ISBN (13): 978-3-89736-254-3
ISBN (10):   3-89736-254-6

Inhalt

Einführung

Ob es ein Laie mit ein paar Pflanzen auf der Fensterbank oder ein ernsthafter Hobbyzüchter oder der professionelle Produzent von Schnittblumen ist: Die Liebe zu Orchideen breitet sich immer mehr aus. Wie wir noch sehen werden, ist diese Leidenschaft schon tausende Jahre alt.

Die frühen Apotheker Europas suchten im Pflanzenreich nach Allheilmitteln für die mannigfaltigen Krankheiten der Menschen. Sie sammelten die Pflanzen ihrer Gegend und beschrieben jede sehr detailliert, insbesondere ihre Verwendung als Nahrungsmittel und Medizin. Unter diesen Pflanzen befanden sich auch heimische Orchideen, die alle als nützlich befunden wurden. Diese frühen Bücher waren häufig mit Holzschnitten reich illustriert und sorgfältig in lateinischer Sprache von Hand geschrieben.

Allmählich wurden die handgeschriebenen Manuskripte durch gedruckte Bücher ersetzt und wurden so einem größeren Publikum zugänglich, aber auch nur den relativ wenigen, die lesen konnten.

Das Verlangen nach Büchern wuchs mit der Bildung der Bevölkerung, und mit dem Beginn der Orchideenzucht wuchs auch die Nachfrage nach Literatur über Orchideen. 1837 veröffentlichte der Brite John Bateman das bis dahin größtformatige Buch, das Orchideen aus Mexiko und Guatemala in natürlicher Größe und hervorragenden Farben darstellte.

Solche Bücher wurden nur in kleinsten Auflagen produziert und wechseln heute für riesige Summen den Besitzer.

Gegen Ende des 19. Jahrhunderts existierten viele Orchideenbücher und sogar eine monatlich erscheinende Zeitschrift, „The Orchid Review", die erstmals 1893 erschien und sich ausschließlich mit Orchideen beschäftigte. Heute gibt es unzählige Bücher über Orchideen.

Das vorliegende Buch soll eine zuverlässige Anleitung für den Anfänger sein, der noch nie Orchideen anpflanzte und der sich die notwendigen Kenntnisse aneignen möchte, um sich eine eigene Orchideensammlung anzulegen. Die Autoren sind Vater und Tochter, deren langjährige Erfahrung darauf gründet, dass sie Kunden wie die Zielgruppe dieses Buches mit Orchideen versorgten.

Sie beschreiben zunächst die geografische Verbreitung und die natürliche Heimat dieser großen Pflanzenfamilie. Dann zeigen sie detailliert, wie man Orchideen am zweckmäßigsten hält, wie man sie pflanzt und umtopft. Ferner erläutern sie die neuesten Techniken der Vermehrung, der Zucht aus Samen und der Kreuzung. Und schließlich gehen sie auf Schädlinge und Krankheiten ein und geben praktische Tipps zu deren Bekämpfung und Vermeidung.

Der zweite Teil des Buches beschäftigt sich mit den bekanntesten kultivierten Orchideenarten und soll Ihnen helfen, aus der großen Vielfalt, die heute in den Gartenzentren angeboten wird, Ihre Auswahl zu treffen.

LINKS: Das Vater-Tochter-Team Brian und Sara Rittershausen arbeitet seit über 50 Jahren mit diesen wunderbaren Pflanzen und verfügt über entsprechend große Erfahrung.

RECHTS: Vanda sanderiana war eine der ersten Orchideen, die kultiviert wurden.

VANDA SANDERIANA.

Die Familie der Orchideen

Eine moderne winzige Cymbidium-Hybride. Sie stammt von der ursprünglichen Art ab, die von den frühen Forschern gesammelt wurde.

Geschichte

Die früheste Beschäftigung mit Orchideen ist in chinesischen und japanischen Manuskripten dokumentiert. Dort finden wir, dass man damals die Gattungen Dendrobium, Cymbidium, Neofintia und andere heimische Arten anbaute. Die Chinesen liebten den kräftigen Duft und die langlebige Blüte der Cymbidium. Sie wurde wegen ihres Duftes und weniger wegen ihrer Schönheit kultiviert. Auch die Japaner haben eine lange, 3 000 Jahre während Tradition der Cymbidium-Züchtung.

In Europa wurden Orchideen erstmals in der Periode der griechischen Hochkultur erwähnt. Die Griechen des Altertums glaubten, dass alles auf Erden seinen bestimmten Zweck hätte und dieser Zweck beim genauen Studium des Objekts zum Vorschein kommen würde. Die

Orchideen, die rund ums Mittelmeer üppig wuchsen, wurden von den Griechen je nach Verwendungszweck in verschiedene Arten unterteilt. Viele von ihnen wurden als brauchbare Heilmittel betrachtet.

Die Griechen bemerkten auch, dass bestimmte Orchideen kleine, runde Knollen besaßen, die an ein Hodenpaar erinnerten. Hieraus schlossen sie, dass diese Pflanzen als Aphrodisiaka verwendet werden könnten. Der griechische Name „orchis" (= Hoden) ist diesen Pflanzen seitdem geblieben.

Bis ins Mittelalter wurden Orchideen für viele Zwecke benutzt, wie aus frühen Kräuterbüchern zu entnehmen ist. Im 18. Jahrhundert klassifizierte der Schwede Linnaeus alle Pflanzen und Tiere und führte auch Standardbezeichnungen für Orchideen ein. Er verwendete lateinische Namen, die heute noch in Gebrauch sind.

● Die Entdecker

Als die Spanier und Portugiesen begannen, die Neue Welt zu entdecken, überquerten sie erstmals den Atlantik und erschlossen Amerika, reisten aber auch die afrikanische Küste hinab und gelangten zum Indischen Ozean, wo sie die neuen Länder erforschten.

Die dortige Flora und Fauna wurden in der westlichen Welt bekannt. Insbesondere die Briten gründeten in den neuen Gebieten viele Kolonien, und ihre Entdecker kehrten mit vielen Schätzen, darunter auch neuen Orchideen, zurück.

Zur selben Zeit entstanden hier die ersten Gewächshäuser, nachdem es technisch möglich geworden war, große Glasscheiben zu produzieren. Es wurden Holzkonstruktionen für die Glasscheiben geschaffen, die dem europäischen Winter widerstehen konnten. Und man entwickelte Methoden zur Belüftung und Klimatisierung. Ein neues Heizungssystem wurde erfunden: Mit heißem Wasser gefüllte gusseiserne Röhren ermöglichten, die Gewächshäuser auch im kältesten Winter warm zu halten.

● Orchideen zu Hause

Mit dem wachsenden Interesse an Orchideen fanden immer mehr dieser Pflanzen den Weg in die Gewächshäuser Englands. Die moderne Orchideenzucht begann im frühen 19. Jahrhundert. Eine der wichtigsten Personen, die das Interesse an Orchideen förderten, war der Herzog von Devonshire. Auf seinem Besitz in Chatsworth House, Derbyshire, beschäftigte er einen Gärtner namens Joseph Paxton. Paxton baute – durch seine Angestellten ermutigt – riesige Gewächshäuser aus Stahl und Glas, die so groß waren, dass man darin mit der Pferdekutsche fahren konnte. Leider stehen diese gewaltigen Gewächshäuser längst nicht mehr. Es existieren nur noch einige Bilder und die Grundmauern.

Das Interesse des Herzogs an Orchideen war enorm, weshalb viele Pflanzen nach ihm benannt wurden. Bei solcher Begeisterung sahen die Züchter sehr rasch einen Markt für diese neuen Pflanzen. Sie finanzierten Sammlern die Reisen in alle Welt, um neue Arten zu suchen. Nach ihrer Rückkehr wurden die Pflanzen in den Königlichen Botanischen Garten in Kew geschickt, um sie zu klassifizieren und zu benennen. Kein Landsitz war damals komplett ohne sein Orchideenhaus, wobei man in Größe und Qualität der Sammlung immer den Nachbarn übertrumpfen wollte. Dieses Interesse breitete sich bald über ganz Europa aus und erreichte ein Ausmaß, das dem Tulpen-Boom in Holland ein oder zwei Jahrhunderte zuvor ähnelte. Es war das goldene Zeitalter der Orchideensammler, als die jungfräulichen Urwälder unbegrenzte Mengen an Pflanzen boten und zu Hause ein ungestilltes Verlangen nach diesen schönen Exoten bestand.

● Orchideen in der Wildnis

Heute wissen wir, dass Orchideen eine der größten Gruppen blühender Pflanzen darstellen. Bislang wurden etwa 25 000 bis 30 000 Arten identifiziert. Die Zahl hängt davon ab, nach welcher botanischen Ordnung man vorgeht. Aber sogar heute noch werden immer wieder neue Orchideen entdeckt. Sie sind auf Meereshöhe ebenso beheimatet wie in den höchsten Bergregionen. Orchideen findet man einerseits in den Schneewüsten Sibiriens oder des nördlichen Kanada, andererseits in den Wüsten der Sahara. Es gibt keinen Lebensraum auf dem Globus ohne seine spezifischen Orchideen.

Eine wesentliche Aufgabe der Orchideenzüchter ist es immer gewesen, die Anforderungen der Pflanzen kennen zu lernen, und dies ist der Hauptgrund, warum die Orchideenzucht sich zu einem solchen Spezialgebiet innerhalb des Gartenbaus entwickelt hat. Die schönsten und beeindruckendsten aller Orchideen findet man in den tropischen Regenwäldern, und dies sind die Arten, die uns am meisten interessieren, wenngleich auch viele Züchter sich mit Orchideen der kühleren Regionen beschäftigen. Tropische Pflanzen müssen in Europa und Nordamerika in temperierten Gewächshäusern gehalten werden.

Cymbidium traceyanum, eine von Anfang an bis heute beliebte Spezies

Jüngste Geschichte

Zu Beginn des 20. Jahrhunderts war die Begeisterung für Orchideen in ganz Europa verbreitet.

In England hatte sich seit der viktorianischen Zeit eine gut organisierte Gemeinschaft mit strengen Regeln zur Klassifizierung gebildet. Mit dem Ersten Weltkrieg fand dies ein jähes Ende, als die großen Staaten Europas einen wirtschaftlichen Niedergang erlitten. Nach dem Krieg wuchs eine neue Generation mit anderer Lebenseinstellung heran. Das Interesse wurde wieder erweckt, aber der Schwerpunkt lag jetzt bei den kleineren Hobbyzüchtern.

Nach heutigen Maßstäben waren die Gewächshäuser immer noch geräumig und die Sammlungen groß, aber im Vergleich zu den früheren waren sie klein. Es wurden weniger Arten importiert. Man konzentrierte sich mehr auf Kreuzungen und nachgezüchtete Pflanzen. Es gab eine regelrechte Orchideenindustrie, die von England aus die ganze Welt belieferte. Innerhalb von 20 Jahren hatte sich diese Industrie gut etabliert, und der Bedarf an Orchideen wurde nicht nur durch englische Züchter, sondern auch durch französische, holländische, belgische und deutsche Betriebe gedeckt.

Der Zweite Weltkrieg brachte erneut einen Einschnitt. Ein großer Teil der besten Zuchtpflanzen wurde zur Sicherheit nach Kalifornien, Australien oder Südafrika gebracht, während die Züchter in Europa ihre Produktion auf Tomaten und anderes Gartengemüse umstellten.

Die frühen 1950er-Jahre brachten wieder einen Wandel. Die Orchideen erreichten die vielen Hobbygärtner mit kleinen Sammlungen in ihren Gartengewächshäusern. Damit stieg die Zahl der Orchideenliebhaber sehr stark an. Es bildeten sich sehr rasch viele Orchideenzuchtvereine. Während des folgenden Jahrzehnts bildeten sich überall Interessengemeinschaften. So hat in Nordamerika jede Stadt mindestens einen Orchideen-Club. Der größte dieser Clubs, die American Orchid Society, hat Mitglieder in aller Welt. Heute ist Japan führend in der Orchideenzucht.

Orchideenanbau heute

Orchideen werden immer beliebtere Zimmerpflanzen, und damit steigt die Zahl der Käufer. Phalaenopsis und Cymbidium werden in ungeheuren Mengen in riesigen, spezialisierten Gärtnereien angebaut, die diese Arten ausschließlich für den Markt der Topfpflanzen produzieren.

Die meisten Liebhaber beginnen mit einer solchen Pflanze, die sie oftmals als Geschenk erhielten. Aber bald wächst ihr Interesse, und sie wenden sich an einen Orchideenspezialisten. Solche Spezialisten findet man in den zunehmend veranstalteten Ausstellungen und Konferenzen.

Was bringt die Zukunft für die Orchideen? Es werden zwar immer noch neue Arten entdeckt, aber die wesentliche Entwicklung geht von der Hybridisierung aus. Mit den neuen Methoden der Gentechnik wird man Größe, Farben und Formen weit über jedes Vorstellungsvermögen hinaus beeinflussen können.

Phalaenopsis-Pflanzen gehören zu den beliebtesten Orchideen im Haus.

Klassifizierung

Die Familie der Orchideen ist derart groß, dass es schwierig ist, sich alle möglichen Gruppierungen vorzustellen. Zunächst haben wir den Namen „Orchidee", der allen Pflanzen der Orchideen-Familie gemeinsam ist. Die Familie wird in viele Unterklassen eingeteilt, zum Beispiel Oncidinae. Eine Klasse (Tribus) wird dann weiter in verschiedene Gattungen unterteilt, die durch den ersten der zwei lateinischen Namen gekennzeichnet ist, der allen zugehörigen Pflanzenarten gemeinsam ist, zum Beispiel Cymbidium. Die Gattungen werden weiter in verschiedene Arten (Spezies) eingeteilt, die mit dem zweiten der beiden lateinischen Namen benannt sind. So ist zum Beispiel „floribundum" der Artenname der Orchidee Cymbidium floribundum. Falls von diesen Arten natürliche Varianten existieren, können sie weiter in Unterarten gegliedert werden. Neben den natürlichen Varianten wurden in den letzten 150 Jahren außerordentlich viele Kreuzungen gezüchtet, deren lateinische Namen man durch weitere Namen ergänzte.

Odontoglossum pescatorei

Wie bei allen blühenden Pflanzen beruht diese Klassifikation vor allem auf der Form der Blüte und weniger auf ihrer Farbe. Die Orchideenblüte besitzt drei äußere Kelchblätter (Sepalen) und drei innere Kronblätter (Petalen). In den meisten Fällen ist das dritte Kronblatt zu einer Lippe (Labellum) ausgeformt. Die Lippe ist üblicherweise groß und farbenprächtig und bietet einen idealen Landeplatz für bestäubende Insekten. Das Fortpflanzungsorgan der Orchideenblüte mit Narbe und Staubgefäßen wird als Säule bezeichnet und ist meistens von der Lippe umfasst.

Nach diesem Grundschema sind etwa 25 000 bis 30 000 Arten aufgebaut, die sich alle durch irgendeine individuelle Abweichung oder Färbung unterscheiden. Darüber hinaus gibt es über 100 000 gezüchtete Kreuzungen.

Odontoglossum crispum

Coelogyne cristata

Schöne Zeichnungen beliebter Orchideen aus der viktorianischen Epoche

Terrestrische und epiphytische Orchideen

● **Terrestrische Orchideen**

Ebenso wie die Blüten in vielen verschiedenen Formen und Farben auftreten, haben die Pflanzen selbst viele Erscheinungsformen entwickelt und sich an sehr unterschiedliche Lebensräume angepasst. Orchideen, die auf dem Erdboden wachsen, wie zum Beispiel alle europäischen Arten, werden Terrestrische Orchideen oder Erdorchideen genannt. Ihre Wurzeln oder Knollen liegen unter der Erdoberfläche, und nur ihre Blätter und Blüten ragen zur entsprechenden Jahreszeit hervor.

● **Epiphytische Orchideen**

Die größte Vielfalt an Orchideen findet man in den tropischen Regenwäldern, die sich über die großen Kontinente erstrecken. Die Mehrzahl dieser Orchideen ist epiphytisch, das heißt, sie wachsen auf Baumstümpfen und Ästen und entgehen damit dem Konkurrenzdruck durch andere Pflanzen auf dem Waldboden. Einige sehr alte Urwälder sind bis zu 300 000 Jahre alt und haben eine erstaunliche Flora und Fauna hervorgebracht. Sehr große Bäume ähneln Hochhäusern, in deren Etagen unterschiedliche Orchideen leben: Große, schwere Pflanzen belegen die untere Etage, kleinere Arten wachsen auf den höheren und dünneren Ästen.

Manche Orchideen wachsen auf Bäumen, die ihr Laub in der trockenen Jahreszeit abwerfen, und sind so einige Monate dem hellen Sonnenlicht ausgesetzt. Andere Arten sind im immergrünen Wald beheimatet und leben in einer Welt des Dämmerlichts.

Epiphytische Orchideen wachsen nach zwei verschiedenen Grundmustern: Monopodiale Orchideen haben einen blättrigen Stängel, der an seiner Spitze kontinuierlich wächst. Die Blüten entwickeln sich entlang des Stängels, meistens an der Blattnarbe.

Sympodiale Orchideen haben ein kriechendes Rhizom, das heißt, einen horizontal wachsenden Stängel, der jährlich neue Seitentriebe entwickelt. Die Blüte erscheint häufig am Ende des Stängels. Die meisten sympodialen Orchideen bilden knollenähnliche Pseudobulben, die in Größe und Aussehen stark variieren. Die Pflanze legt in jeder Vegetationsperiode neue Pseudobulben an, die sich in der Regenzeit mit Wasser füllen und die in der Trockenzeit die Pflanze überleben lassen.

Die Gestalt der Pseudobulben und die Anzahl ihrer Blätter sind von Art zu Art sehr unterschiedlich. Einige Arten werfen ihre Blätter vollständig ab, während andere Orchideen in den immergrünen Wäldern leben, wo es nie Trockenperioden gibt. Diese Pflanzen wachsen kontinuierlich weiter. Sie benötigen keine Ruheperiode und blühen ganzjährig. Einige epiphytische Orchideen bilden keine Pseudobulben, sondern dicke, fleischige Blätter, die das Wasser für die Trockenzeit speichern.

OBEN: Das neu wachsende Blatt dieser Coelogyne massangeana markiert, wo in der folgenden Wachstumsphase eine neue Pseudobulbe entstehen wird.

RECHTS: Nicht alle Pseudobulben sind rund, wie viele Dendrobium-Orchideen mit ihren langen Röhren zeigen.

Grundsätzliches zur Pflege

Gießen

Wie viel Wasser Orchideen benötigen, hängt von verschiedenen Faktoren wie Temperatur, Wetter, Jahreszeit oder Orchideenart ab. Pflanzen verbrauchen bei warmem Wetter mehr Wasser, und da allgemein der Sommer die wärmste Jahreszeit ist, wird dies auch für viele Orchideen die Hauptwachstumsperiode sein. Die entstehenden Blätter und Pseudobulben saugen sich während der Vegetation voll Wasser und speichern dieses für den Winter. An trüben Tagen – auch im Sommer – verbrauchen die Pflanzen weniger Wasser, weil bei schwachem Licht eine Photosynthese kaum oder gar nicht stattfindet.

Prüfen Sie alle paar Tage, wie schnell das Pflanzensubstrat trocknet. Wiegen Sie, wie schwer der Blumentopf unmittelbar nach dem Wässern und unmittelbar vor dem nächsten fälligen Gießen ist. Lassen Sie die Erde in der Vegetationsperiode nicht zu oft austrocknen. Dies könnte zu Wachstumsstörungen insbesondere der wichtigen Pseudobulben führen.

Mit einer Gießkanne lässt sich diese Anzuchtschale sehr gleichmäßig bewässern.

1 Für eine gute Durchnässung füllen Sie einen Übertopf oder Eimer zur Hälfte mit Wasser und geben bei Bedarf Dünger hinzu.

2 Wenn die Pflanze sehr trocken war, lassen Sie sie bis zu 30 Minuten im Wasser stehen.

3 Anschließend nehmen Sie die Pflanze hoch und lassen das überschüssige Wasser vollständig ablaufen, bevor Sie den Topf an seinen Standort zurückstellen.

Trockene Erde wirkt farblich blass und ist deutlich leichter als feuchte Erde.

Gießen Sie stets in den Topf und nicht in die Blattkrone, wo sich das Wasser stauen könnte. Gießen Sie, bis das Wasser unten aus dem Topf rinnt. Pflanzen mit Luftwurzeln müssen auch besprüht werden.

Da die meisten kultivierten Orchideen epiphytisch sind, sollten sie nicht mit den Wurzeln im Wasser stehen. Zu nasse Wurzeln faulen. Gießen Sie Orchideen immer von oben und lassen Sie das überschüssige Wasser unten ablaufen. Rinde ist sehr wasserdurchlässig und als Substrat gut geeignet.

Im Gewächshaus sollten Sie die Pflanzen auf einen Lattenrost stellen, damit alles überschüssige Wasser aus dem Topf ablaufen kann. Zimmerpflanzen auf der Fensterbank sollte man mit dem Topf in ein Wasserbad eintauchen und dann abtropfen lassen, bevor man sie auf die Fensterbank zurückstellt.

Die Orchideen bilden eine sehr große Familie, und entsprechend unterschiedlich ist ihr Wasserhaushalt. Wenn Sie Orchideen kaufen, informieren Sie sich jeweils über den Wasserbedarf der individuellen Pflanze!

Düngen

Orchideen sind genügsame Pflanzen. In der Wildnis, etwa oben in den Bäumen des Regenwalds, erhalten sie nicht viele Nährstoffe.

Nichtsdestoweniger sind sie für Düngung dankbar, und Topfpflanzen sind sogar auf Dünger angewiesen. Als Anfänger sollten Sie sich aber nicht zu viele Gedanken über den richtigen Dünger machen. Nehmen Sie irgendeine Marke, und bleiben Sie zumindest für eine Saison dabei.

Unterschiedliche Orchideen wachsen eventuell zu unterschiedlichen Zeiten. Richten Sie das Düngen nach der Vegetationsperiode. Während des Wachstums brauchen die Pflanzen vor allem Stickstoffdünger. Gegen Ende der Wachstumsperiode sollten Sie dann zu Kalidünger wechseln, der das Reifen der Pseudobulben unterstützt und das Entwickeln der Blütenspitzen fördert.

● **Wie Sie düngen**

Flüssiger Dünger ist unter Umständen unzuverlässig. Wenn man ihn vor Gebrauch nicht gründlich schüttelt, könnten sich Nährstoffe am Boden der Flasche absetzen. Düngergranulat kann dagegen nach Bedarf frisch aufgelöst werden. Sie sollten das Granulat aber vor Feuchtigkeit schützen und luftdicht aufbewahren, damit es nicht verklumpt. Am besten kombinieren Sie das Düngen mit dem Wässern, indem Sie den Dünger dem Gießwasser beimischen. Das überschüssige Wasser, das aus dem Topf austritt, können Sie auffangen und beim nächsten Gießen erneut verwenden. Sie können auch Wasser mit Dünger in einen Zerstäuber füllen und die Blätter sehr fein besprühen. Aber heben Sie den angesetzten Dünger nicht allzu lange auf, weil er sich mit der Zeit zersetzen kann, vor allem im Sonnenlicht.

Orchideen vertragen keine kräftige Düngung. Die Hälfte der für normale Zimmerpflanzen empfohlenen Düngerkonzentration ist vollkommen ausreichend. Und düngen Sie nur bei jedem dritten Wässern. Im Laufe des Herbstes stellen Sie das Düngen allmählich ein. Orchideen, die auch im Winter weiterwachsen, können Sie an hellen Tagen – wenn die Pflanze in der Lage ist, die Nahrung aufzunehmen – leicht besprühen.

Ruhephase

In manchen Teilen der Welt findet ein jahreszeitlicher Wechsel zwischen sehr feuchtem und sehr trockenem Klima statt. Orchideen aus solchen Regionen brauchen auch in kultivierter Form ähnliche Klimaschwankungen. Allgemein gilt, dass eine Pflanze ruht, wenn sie nicht wächst. Dies ist oft der Fall, wenn die Orchidee ihre Blüten hervorbringt und die Energie aus der vorausgegangenen Wachstumsperiode schöpft.

Das Ausmaß der Ruhe ist sehr unterschiedlich. Pleione-Orchideen werfen im Winter ihre Blätter ab und brauchen absolute Trockenheit. Andere Arten, etwa Odontoglossum, benötigen etwas Wasser, damit ihre Pseudobulben nicht vertrocknen. Andere Pflanzen wiederum benötigen kühle Temperaturen und nur gelegentlich etwas Feuchtigkeit. Häufig haben die in kühleren Regionen beheimateten Orchideen eine ausgeprägtere Ruhephase. Die Arten aus wärmeren Gebieten neigen dazu, jegliche Wärme zum Weiterwachsen zu nutzen. Ein Beispiel ist Phalaenopsis, die zu jeder Jahreszeit wächst und ständige Aufmerksamkeit erfordert.

Bei Orchideen mit Winterruhe sollten Sie das Gießen reduzieren, sobald die Pseudobulben voll ausgebildet sind und nicht weiter anschwellen. Dies ist meistens der Fall, wenn ein Tragblatt an der Pseudobulbe sich braun verfärbt. Ein gutes Beispiel ist Dendrobium nobile. Deren röhrenförmige Pseudobulbe entwickelt an ihrer Spitze ein Abschlussblatt, das ein Zeichen für die Vollendung ist.

Die Ruhephase endet im folgenden Frühjahr, wenn an der Basis der jüngsten Pseudobulbe ein neuer Spross erscheint. Nun kann wieder allmählich gegossen und gedüngt werden.

Einige Orchideenarten, die auch im Winter etwas wachsen, müssen entsprechend gewässert werden, aber nur so viel, dass das Wachstum unterstützt und ein Austrocknen der Pseudobulben verhindert wird.

Feuchtigkeit

In den Regenwäldern, aus denen viele kultivierte Orchideen stammen, herrscht normalerweise eine sehr hohe Luftfeuchtigkeit. Dies ist einer der Gründe, warum Orchideen so gut auf Bäumen wachsen. Wenn unseren Orchideen eine derartige Umgebung fehlt, müssen wir ihnen wenigstens ein bisschen Regenwaldklima bieten. Besprühen Sie daher die Blätter – aber nur mit einem feinen Nebel. Dies verschafft den Blättern eine gewisse Feuchtigkeit, kühlt sie bei heißem Wetter und hält sie staubfrei. Sie sollten auch die Unterseite der Blätter besprühen, um Schädlinge wie Milben zu vertreiben, die sich dort besonders gern einnisten.

Am besten sprühen Sie morgens bei warmem Wetter. Dann kann die Feuchtigkeit den Tag über verdunsten. Bei zu viel Wasser oder zu kühlen Temperaturen könnten sich Flecken bilden. Es könnte sogar das Wachstum behindert werden.

Wenn Sie Ihre Pflanzen im Gewächshaus halten, dann besprühen Sie einfach den Fußboden mit Wasser. So erzielen Sie eine hohe Luftfeuchtigkeit, ohne die Blätter zu nass zu machen. Bei großer Hitze können Sie dies mehrmals täglich wiederholen.

Bei im Zimmer gehaltenen Orchideen stellt die Luftfeuchtigkeit ein größeres Problem dar. Es gibt jedoch viele Arten, die auch in der trockeneren Atmosphäre unserer Wohnungen gedeihen. Ein gutes Mittel, die Feuchtigkeit zu erhöhen, sind nasse Tonkügelchen unter dem Topf. Aber achten Sie darauf, dass die Töpfe nicht direkt im Wasser stehen.

RECHTS: Colmanara Wild Cat mit ihren leopardenähnlichen Flecken ist eine Odontoglossum-Kreuzung, die in kühlerem Klima wächst.

Licht

Orchideen lieben im Allgemeinen den Schatten, weil viele Arten aus dem Regenwald stammen, wo die Baumkronen über ihnen schwere Dächer bilden, die auf den Waldboden tiefe Schatten werfen. Das Sonnenlicht reicht unterschiedlich weit hinunter, und so haben auch die verschiedenen Orchideenarten unterschiedliche Ansprüche an das Licht. Kleine, in den Baumwipfeln wachsende Pflanzen sind größeren Lichtmengen ausgesetzt als die großen, weiter unten lebenden. Sogar am Waldboden, im dunklen Schatten, können Erdorchideen gedeihen.

Orchideen brauchen wie alle anderen Pflanzen zum Leben eine ausreichende Lichtmenge. Wir müssen aber für jede individuelle Art den richtigen Lichtpegel kennen und einhalten.

Cattleya-Orchideen wie diese C. Louis and Carla lieben helles Licht, vertragen aber keine direkten, hellen Sonnenstrahlen.

Diese Vanda Rothschildiana benötigt gute Lichtverhältnisse, um regelmäßig langlebige Blüten zu treiben.

● Orchideen, die Licht lieben

Im Allgemeinen vertragen die Pflanzen mit den kräftigsten Blättern das hellste Licht. Hierzu gehören unter anderem die Gattungen Cattleya und Laelia und deren Kreuzungen, ferner die Gattungen Vanda, Ascocentrum, Rhynchostylis und Angraecum, die alle dicke, lederige Blätter haben. Diese Pflanzen benötigen vor allem während der Blütezeit helles Licht. Bei zu wenig Licht können die Blüten ausbleiben, und an ihrer Stelle wachsen dunkle, saftigere Blätter. Die genannten Pflanzen brauchen ein warmes Klima. Es gibt aber auch Kühle liebende Arten, die viel Licht brauchen.

Cymbidium ist zum Beispiel eine Art, die sehr viel Licht will und in ihrer Heimat sogar im vollen Sonnenlicht anzutreffen ist. Wenn solche Orchideen im Haus gehalten werden, hat man oft das Problem, dass sie zu wenig Licht bekommen. Dann produzieren sie zwar viele Blätter, aber keine Blüten.

Orchideen, die Schatten lieben

Schatten liebende Orchideen haben oft weichere und blassere Blätter, die sich bei zu viel Licht leicht gelb färben oder gar verbrennen. Ein Beispiel ist Miltoniopsis, die weiche, hellgrüne Blätter besitzt und mehr Schatten als andere Orchideen benötigt. Zu den terrestrischen Orchideen, die Schatten benötigen, gehören die Frauenschuh-Orchideen (Cypripedium und Phragmipedium) sowie die Paphiopedilum, die oft gesprenkelte Blätter hat.

Im Allgemeinen bevorzugen Orchideen diffuses Licht, vor allem im Sommer, wenn die Sonne am kräftigsten ist. In der prallen Sonne können die Blätter in kürzester Zeit verbrennen, und in schweren Fällen kann die Pflanze absterben. Im Winter können die Sonnenstrahlen der Orchidee nichts anhaben, sodass eine besondere Abschattung nicht notwendig ist. Im Gegenteil: Im oft trüben Winter sollte man für möglichst viel Licht sorgen.

Orchideen im Gewächshaus

Wenn Sie Ihre Orchideen im Gewächshaus halten, sollten Sie die Möglichkeit einer künstlichen Beschattung vorsehen, zum Beispiel durch Schattiergewebe oder durch mehrere Lagen feiner Netze. Zu Beginn des Frühlings können Sie dann die erste Lage des Schattenspenders und im Sommer die weiteren überziehen. Natürlich bestimmt die Lage Ihres Gewächshauses den Grad der notwendigen Abschattung. Ein Gewächshaus, das unter Bäumen steht, benötigt weniger oder gar keinen künstlichen Schatten. Die Beschattung eines frei stehenden Gewächshauses sollte in den hellen Sommermonaten etwa 50 Prozent des Sonnenlichts zurückhalten. Im frühen Herbst kann die Beschattung allmählich wieder zurückgenommen werden. Sie können den optimalen Lichtpegel einfach überprüfen, wenn Sie im Gewächshaus stehen und nach oben blicken. Wenn Sie nicht blinzeln müssen, haben Sie eine ausreichende Beschattung.

Orchideen im Zimmer

Orchideen, die im Zimmer gehalten werden, benötigen eventuell künstlichen Schatten, vor allem wenn sie an einem sonnigen Fenster stehen. Eine Tüllgardine kann schon ausreichend sein. Wenn nicht, stellen Sie die Pflanze an den hellsten Tagen etwas weg vom Fenster. Oder Sie befestigen ein Stück Schattiergewebe, wie es für Gewächshäuser verwendet wird, am Fenster.

Beliebte Zimmerpflanzen wie Phalaenopsis Cool Breeze gedeihen das ganze Jahr über bei indirektem Sonnenlicht.

Miltoniopsis wie diese auffällige M. Eureka lieben von Natur aus den Schatten.

Die winzige Phalaenopsis, hier eine Kreuzung aus P. venose und P. violacea, braucht viel Licht, um zu blühen, verträgt aber keine direkte Sommersonne.

Belüftung

Zur richtigen Temperierung der Orchideen gehört auch die Belüftung. Im Gewächshaus tragen Fenster, die sich öffnen lassen, dazu bei, die Temperaturen relativ niedrig zu halten. An heißen Tagen können in geschlossenen Gewächshäusern ohne weiteres 40 °C und mehr erreicht werden, und da ist dann eine automatische Belüftung eine gute Sache, die manchen Orchideen das Leben retten kann.

Wenn man die Beschattung plant, sollte man auch an die Belüftung denken. Beides muss gleichzeitig möglich sein: offenes Fenster und zugezogenes Schattiergewebe. Falls Sie das Gewächshaus vor Schadinsekten schützen wollen, sollten Sie die zu öffnenden Fenster mit einem Fliegengitter sichern.

Auch im eigenen Heim ist die Belüftung wichtig. Es genügt jedoch, von Zeit zu Zeit die Fenster zu öffnen. Die Pflanzen brauchen eine gewisse Luftumwälzung, vertragen aber keinen kalten Zug.

Die Cymbidium wird häufig in großen Gewächshäusern als Schnittblume angebaut. Für eine lang anhaltende Blüte nach dem Schnitt ist eine gute Belüftung notwendig.

Temperatur

Orchideen lassen sich drei Temperaturbereichen zuordnen, in denen sie am besten gedeihen.

● Minimale Temperaturen

Die „kühlen" Orchideen stammen meistens aus Höhenlagen in Gebirgsregionen, zum Beispiel aus dem Himalaja oder aus den Anden. Die Nachttemperaturen können bis auf 5 °C fallen, was dann allerdings in der Trockenperiode, das heißt, während der Vegetationsruhe der Fall ist. Pleione sind im Himalaja beheimatet und lieben eine kalte, trockene Ruhezeit, nachdem sie das Wachstum der Blätter eingestellt haben.

Orchideen verlangen zwar nach einem deutlichen Temperaturabfall, aber sie wollen nicht Minusgraden ausgesetzt sein. Frost kann die Pflanzen schädigen bzw. töten. Die meisten Orchideen dieser Kategorie wollen nicht einmal auf 5 °C abgekühlt werden.

Für die beliebtesten Arten wie Cymbidium, Odontoglossum und Dendrobium liegt das Minimum bei 10 °C. Die Temperaturangabe auf den Pflanzenetiketten ist normalerweise die niedrigste zulässige Temperatur in der kältesten Winternacht und soll ein Hinweis auf die erforderliche Heizung sein.

Orchideen des mittleren Temperaturbereichs brauchen es etwas wärmer. Im Winter sollten 12 °C nicht unterschritten werden. Beispiele hierfür sind die Gattungen Miltoniopsis und Cattleya.

Die Wärme liebenden Orchideen sollten immer über 15 °C gehalten werden, wenn man ihnen optimale Lebensbedingungen bieten will. Typische Vertreter dieser Gruppe sind Phalaenopsis und Paphiopedilum. Ein regelmäßiges oder auch plötzliches Absinken unter die Minimaltemperaturen kann die Orchideen sehr schädigen.

Wenn andererseits die Kühle liebenden Orchideen dauerhaft zu warm gehalten werden, wachsen sie entweder nicht, oder sie wachsen zu gut und treiben nur Blätter, aber keine Blüten.

● Maximale Temperaturen

Auch die maximalen Temperaturen sind wichtig. Orchideen aus kühlen Regionen sollten keinen Temperaturen über 24 °C ausgesetzt sein, und für die „mittleren" Orchideen sollten 28 °C das Maximum darstellen. In der Sommerhitze sollten Sie versuchen, durch Besprühen, Abschatten und Belüften die Temperaturen für die Pflanze erträglich zu halten.

Um die Temperaturen in der Umgebung Ihrer Orchideen ständig zu überwachen, haben sich Minimum-Maximum-Thermometer bewährt, die beide Extremwerte speichern.

● Temperaturschwankungen

Temperaturschwankungen sind eine natürliche Erscheinung: zwischen Tag und Nacht sowie zwischen Sommer und Winter. Diese täglichen und saisonalen Schwankungen sind für die Wachstums- und Blütezyklen der Orchideen wichtig. Ein Temperaturabfall im Winter zeigt den kühl wachsenden Orchideen, dass die Vegetationsperiode zu Ende ist und dass die Pflanze zur Ruhe kommen und Blüten treiben soll. Cymbidium ist ein gutes Beispiel hierfür. Wenn diese Pflanzen im Winter zu warm gehalten werden, wird ihnen vorgegaukelt, dass noch Sommer sei, und in der Sommerperiode blühen sie nicht. Das Licht spielt hierbei zwar auch eine Rolle, aber maßgeblich sind die Temperaturen. Sogar die Wärme liebenden Arten können zu warm gehalten werden und wachsen dann, ohne Blüten zu produzieren. Wenn Ihre Phalaenopsis etwas zögert zu blühen, dann stellen Sie sie an einen etwas kühleren Ort.

● Extreme Temperaturen

Orchideen lieben zwar Temperaturschwankungen, aber keine extremen. Andernfalls sehen sie aus wie tiefgefroren oder gekocht: Die Blattzellen brechen zusammen. Als Folge kann eine bakterielle Infektion hinzukommen, die schwar-

Cattleya trianae braucht wie alle Mitglieder ihrer Gattung Temperaturen im mittleren Bereich.

Vanda-Orchideen stammen aus den Tropen und lieben die Wärme.

Odontoglossum Geyser Gold ist eine Kreuzung, die die Kühle liebt und zum Blühen den Temperaturabfall im Winter braucht.

ze Flecken auf der Blattoberfläche erzeugt. Dies kann dann die gesamte Pflanze erfassen und zum Absterben führen. Solche Symptome kann man üblicherweise im Winter beobachten, wenn in einer kalten Nacht die Heizung ausfällt oder an einem heißen Sommertag die Belüftung mangelhaft ist. Um die Orchidee vielleicht noch zu retten, entfernen Sie die befallenen Blätter und Pflanzenteile. Vielleicht erholt sie sich.

Kultivieren im Gewächshaus

Der Ort mit den zweifellos besten Umgebungsbedingungen für Ihre Orchideen ist das Gewächshaus. Wenn Sie es ausschließlich für Orchideen nutzen, können Sie die klimatischen Verhältnisse genau diesen Pflanzen anpassen.

Wenn Sie neu beginnen, steht Ihnen eine große Auswahl an Gewächshäusern zur Verfügung. Wählen Sie das Gewächshaus, das am besten zu Ihrem Haus passt. Aber überlegen Sie gut, wo Sie es platzieren. Wenn Sie das Haus unter Laubbäumen errichten, liefern diese im Sommer den notwendigen Schatten. Immergrüne Bäume würden jedoch in den trüben Monaten zu viel Licht abhalten. Ein völlig frei stehendes Gewächshaus hat den Vorteil, dass Sie die Lichteinstrahlung zu jeder Jahreszeit wie beschrieben steuern können. Bedenken Sie aber auch, dass ein ungeschützt stehendes Haus dem Wind ausgesetzt ist und bei Sturm gefährdet sein kann.

Gewächshäuser aus Holz trocknen tendenziell langsamer aus als Metallkonstruktionen. Auch dies kann ein Entscheidungskriterium sein. Traditionell haben alle Gewächshäuser Glasdächer, was nach wie vor die billigste Lösung darstellt. Allerdings sind Glasdächer nicht bruchsicher. Eine Alternative sind Dächer aus Polycarbonat („Plexiglas"), die zwar in der Anschaffung teurer sind, die aber die Unterhaltskosten wesentlich reduzieren. Sie bestehen aus zwei oder drei Lagen stabiler Plastikscheiben mit Luftpolstern dazwischen („Hohlkammerscheiben"), die für eine hervorragende Wärmedämmung sorgen. Für eine permanente Beschattung können Polycarbonatfenster auch getönt werden.

Gewächshäuser aus Glas lassen sich zusätzlich isolieren, indem man sie mit einer Luftpolsterfolie (Noppenfolie) von innen auskleidet oder besser von außen überzieht. Sie sollten aber die Isolierung regelmäßig prüfen und Kältebrücken beseitigen.

- **Belüftung**

Ob Sie nun ein neues Gewächshaus für Ihre Orchideen bauen oder ein vorhandenes orchideengerecht ausstatten, ändert an den grundsätzlichen Erfordernissen nichts. Licht und Wärmedämmung wurden schon erwähnt. Aber auch die Belüftung ist sehr wichtig. An warmen Tagen kann bei mangelnder Belüftung die Temperatur sogar im Schatten rasch sehr stark ansteigen. Hier helfen automatische, thermostatgesteuerte Fensteröffner, die sich auch in Ihrer Abwesenheit um Ihre Pflanzen kümmern. Orchideen können bei heißem Wetter ohne Lüftung buchstäblich kochen. Achten Sie beim Bau Ihres Gewächshauses darauf, dass sowohl im Dach als auch in den Seitenwänden Lüftungsmöglichkeiten vorgesehen werden. Solange Sie in der Nähe sind, können Sie auch die Türen des Gewächshauses offen halten. Dies sorgt für eine zusätzliche Luftumwälzung.

- **Anordnen der Pflanzen**

Kräftige, verstellbare Tische und Hängeborde, die man in beliebiger Höhe befestigen kann, sind für Ihre Orchideen wichtig. So kann man größere Pflanzen mehr in Bodennähe und kleinere weiter oben unterbringen. Die unmittelbare Unterlage der Pflanzentöpfe sollte aus Gitter- oder Lattenrosten bestehen, damit das überschüssige Gießwasser ungehindert aus den Töpfen ablaufen kann. Um den Raum im Gewächshaus optimal zu nutzen, können Sie einen Teil Ihrer Orchideen auch in hängenden Körben oder Töpfen halten, was einen nützlichen Nebeneffekt hat: Pflanzen mit viel Lichtbedarf hängen Sie hoch, und gleichzeitig werfen diese ihren Schatten auf Orchideen mit wenig Lichtbedarf. Allerdings sollten Sie nicht übertreiben und den unteren Pflanzen zu viel Licht wegnehmen. Sonst weigern sich diese zu blühen.

Auch auf Korkrinde, die zum Beispiel an den Wänden befestigt ist, kann man Pflanzen halten, die man dann durch Besprühen feucht hält.

Begleitende Pflanzen

Der Raum unter den Tischen könnte für die meisten Orchideen zu dunkel sein. Aber für Schatten und Feuchtigkeit liebende Begleitpflanzen wie Farne oder Bromelien ist der Platz ideal. Sie können sie entweder in Töpfen halten oder direkt in den Boden unter den Tischen pflanzen. Solche Begleitpflanzen verbessern die Luftfeuchtigkeit im Gewächshaus und sind willkommene Gesellschafter der Regenwaldpflanzen, die nicht gerne allein leben. Aber untersuchen Sie die Begleiter regelmäßig auf Schädlinge, die Ihren Orchideen gefährlich werden könnten.

Luftfeuchtigkeit

Im Gewächshaus lässt sich eine ausreichende Luftfeuchtigkeit leicht erzeugen, indem man jeden Morgen den Fußboden mit Wasser besprüht, vor allem bei heißem Wetter. Bei trübem Wetter ist dies nicht so notwendig. Vor allem darf sich auf den Blättern kein Wasser ansammeln. Ein feiner Sprühnebel, auch auf die Blattunterseiten, reicht aus und erhöht die Luftfeuchtigkeit.

Bestimmte Orchideen, zum Beispiel Vanda, die nur mit Luftwurzeln wachsen, sind auf regelmäßiges Besprühen angewiesen, wenn sie nicht vertrocknen sollen.

Wässern

Vielen Orchideen reicht das tägliche Besprühen nicht aus. Ihre Wurzeln müssen gewässert werden, was im Gewächshaus sehr leicht möglich ist.

Am zweckmäßigsten verwenden Sie einen Gartenschlauch, mit dem Sie alle Pflanzen erreichen. Für den Schlauch gibt es eine Reihe unterschiedlicher Düsen bis hin zum feinen Sprühkopf, was alle Bedürfnisse abdeckt. Wenn Sie im Gewächshaus keinen Wasseranschluss haben, stellen Sie drinnen einen Wasserbehälter auf, den Sie regelmäßig – am besten mit Regenwasser – auffüllen. Der Behälter hat auch den Vorteil, dass das Wasser eine günstige Temperatur annimmt.

Dendrochilum glumaceum bietet in den trüben Wintermonaten mit ihren mächtigen, federartigen Blüten ein beeindruckendes Bild.

Heizung

Wenn Sie Wärme liebende Orchideen halten, werden Sie das Gewächshaus öfter beheizen müssen. Dann sollten Sie die ökonomischste Methode wählen. Bei Gasheizung ist es wichtig, dass für sehr viel Luftumwälzung gesorgt wird, denn die Abgase können für die Pflanzen schädlich sein. Elektrische Heizlüfter verteilen die Wärme sehr wirkungsvoll im ganzen Gewächshaus, aber schaffen eine relativ trockene Atmosphäre. Regelmäßiges Sprühen ist in diesem Fall besonders wichtig. Ölheizungen sind weniger effizient, können aber im Notfall als Ersatzheizung dienen.

Orchideen
eintopfen

Das Substrat

Im Laufe der jahrelangen Kultivierung von Orchideen hat man viele unterschiedliche Vorstellungen entwickelt, in welche Erde man sie pflanzen soll. Auch heute noch gibt es eine große Vielfalt an Orchideenerde, und zwar sowohl fertig angesetzte als auch Einzelkomponenten, die man zu Hause individuell mischen kann. Der Anfänger könnte leicht verwirrt sein. Daher machen wir es ganz einfach.

Da viele der bei uns üblichen Orchideen in ihrer Heimat epiphytisch wachsen, ist es nur konsequent, ein sehr lockeres und wasserdurchlässiges Substrat zu verwenden. In den Wipfeln der Regenwälder klammern sich die Orchideen an Zweige, und ihre Wurzeln haben nicht viel mehr als modernde Blätter und Moos um sich herum. Das Regenwasser rinnt die Zweige hinab, über die Wurzeln der Orchideen hinweg und auf den Waldboden. Diesen Verhältnissen sollte man im Orchideentopf nahe kommen, und dies gelingt am besten mit Rindenschnitzeln.

Für die unterschiedlichen Orchideenarten und Größen gibt es Rinde in verschiedenen Körnungen. Die feinstkörnige Rinde hat etwa 5 mm Schrotgröße und ist für sehr junge Orchideensämlinge oder ausgewachsene Miniaturorchideen mit sehr feinen Wurzeln ideal. Wenn die jungen Pflanzen wachsen und umgetopft werden, nimmt man gröbere Rinde mit einer Korngröße um 2 cm. Manche Arten lieben es noch gröber, etwa die Cattleya, die relativ trocken gehalten werden will. Die großen Rindenstücke halten nämlich das Wasser nicht so lange wie das feine Rindenschrot.

Wenn möglich, sollten Sie spezielle Rindenschnitzel für Orchideen kaufen. Normaler Rindenmulch für den Garten ist oft sehr rau und enthält viel weißes Holz, das für den Topf weniger geeignet ist und die Feuchtigkeit schlecht hält. Am häufigsten ist Rinde von Kiefern und Tannen anzutreffen, die in der heimischen

Holzverarbeitung anfällt. Redwood-Rinde ist von besserer Qualität, ist aber auch etwas teurer.

Für die Rinde gibt es viele Zusätze und Beimischungen, um entweder die Saugfähigkeit oder die Durchlässigkeit zu unterstützen. Torfmull kann sehr viel Wasser aufnehmen und hindert die Erde am Austrocknen, ist also gut geeignet für Orchideen, die es relativ feucht haben wollen, zum Beispiel für die Erdorchideen Paphiopedilum und Pleione. Die Dränage kann durch Zumischen von Perlite oder gröberem Perlag verbessert werden. Bei beiden handelt es sich um Granulat aus porösem vulkanischem Gestein (Blähton). Eine Mischung aus Torf, fein geschroteter Rinde und Perlite ist die ideale Pflanzerde für Sämlinge.

Als Rindensubstrat noch nicht so leicht erhältlich war, stellte man die Pflanzerde hauptsächlich aus Torfmoos und Wurzeln vom Königsfarn (Osmunda) her. Letztere sind heute kaum

Wegen der besseren Haltbarkeit wird Rindensubstrat meistens trocken abgepackt, auch wenn sich in der Plastikhülle Kondensationswasser niederschlägt.

Wegen ihrer Wasserdurchlässigkeit ist Rinde die beste Grundlage für gute Pflanzenerde.

stammt aus der Hydrokultur – Pflanzenzucht im Wasser. Da das Substrat vollkommen anorganisch ist, müssen die notwendigen Nährstoffe über das Wasser zugeführt werden.

Züchter verwenden dieses Material zunehmend für viele Arten, unter anderem für Odontoglossum, Phragmipedium und Miltoniopsis. Allerdings muss man die richtige Düngung herausfinden und auch einhalten. Es ist auch höchst ratsam, bei der Arbeit mit Glaswolle Schutzhandschuhe zu tragen. Die dünnen Glasfäden dringen leicht, aber schmerzhaft in die Haut ein. Als zusätzlichen Schutz sollten Sie eine Atemmaske tragen, um den feinen Glasstaub nicht einzuatmen.

Ein weiteres zum Eintopfen geeignetes Material ist das Schaumsubstrat aus dem Gartenbau. Es kann in kleine Stücke geschnitten und mit Rinde oder Torfmoos gemischt oder auch allein verwendet werden.

Die Fasern der Kokosnuss sind für kletternde Orchideen auf Rindenstücken gut geeignet und geben den Wurzeln Halt.

mehr zu bekommen, und sie trocknen auch leicht aus. Torfmoos wird heute noch verwendet. Man kann es in getrockneter und gepresster Form kaufen und muss es dann mit Wasser versetzen. Das Torfmoos hält die Feuchtigkeit an den Wurzeln der Orchidee und ist besonders wertvoll bei der Pflege kranker Pflanzen.

Ein weiteres Ergänzungsprodukt stellen Kokosnuss-Fasern dar. Sie haben ähnliche Eigenschaften wie Rinde.

● Anorganische Substratmischungen

In den letzten Jahren tauchten immer mehr anorganische Substrate zum Eintopfen auf. Dabei handelt es sich um künstliche Substanzen, die keine natürlichen Stoffe enthalten. Zu den beliebtesten gehört Steinwolle, die aus Glasfasern hergestellt wird. Der besseren Dränage wegen mit Perlite vermischt, hält sie sehr gut die Feuchtigkeit in Wurzelnähe. Steinwolle muss ständig feucht gehalten werden, wenn die Pflanzen gedeihen sollen. Diese Methode

Orchideen eintopfen 37

Umtopfen

Sympodiale Orchideen, die jährlich neue Pseudobulben bilden, die durch ein immer weiter wachsendes Rhizom verbunden sind, werden zwangsläufig irgendwann über ihren Topf hinauswachsen. Dann sollte die Pflanze umgetopft und ihr genügend Raum gegeben werden, damit sie sich in den Folgejahren weiterentwickeln kann. Manche Orchideen produzieren sehr viele Wurzeln. Das Problem ist aber weniger mangelnde Erde als vielmehr mangelnder Platz für die Pseudobulben oben im Topf. Die Häufigkeit des Umtopfens hängt daher vom Wachstum ab und ist von Art zu Art unterschiedlich. Manche Sorten wachsen derart üppig, dass sie sehr häufig umgetopft werden müssen, während andere Sorten nur eine Pseudobulbe pro Jahr bilden und der Topf erst nach mehreren Jahren gefüllt ist. Wenn die Pflanze sehr stark gewachsen ist und über den Topf hinaushängt, sollte man einen um mehrere Größen geräumigeren Topf wählen.

Organisches Substrat wie Rinde zerfällt im Laufe der Jahre. Das Umtopfen ist daher eine gute Gelegenheit, auch die Topferde zu erneuern. Anorganisches Substrat wie Steinwolle verrottet dagegen nicht und muss nicht vollständig ausgetauscht werden. Wenn Sie die Art des Substrats wechseln, sollten Sie die Wurzeln vollständig säubern. Eine Mischung aus Alt und Neu könnte später beim Gießen Probleme bereiten.

Das Umtopfen sollte vorzugsweise im Frühjahr erfolgen, bevor die Vegetationsperiode beginnt. Dann können die neuen Wurzeln sofort in die frische Erde dringen, ohne dass der Rhythmus der Pflanze gestört wird.

OBEN LINKS: Die Pflanze wird aus dem Topf genommen, von der alten Erde befreit und an den Wurzeln zurückgeschnitten.

LINKS: Das Stutzen der Wurzeln verletzt die Pflanze nicht. Im Gegenteil, sie werden zu neuem Wachstum angeregt.

Zunächst muss natürlich die Pflanze aus ihrem Topf genommen werden, was manchmal nicht ganz leicht ist. Cymbidium-Orchideen entwickeln sehr viel Wurzelmasse, sodass man den (Plastik-)Topf eventuell mit einem scharfen Messer herausschneiden muss.

● Schneiden der Wurzeln

Wenn Sie die Pflanze vom Topf befreit haben, müssen die Wurzeln gesund aussehen. Sie sollten weiß sein und vielleicht ein paar grüne oder gelbe Tupfen aufweisen. Wenn zu viele Wurzeln braun und weich sind, dann faulen sie bereits, weil die Orchidee zu nass gehalten wurde. Für die Pflanze ist es ganz natürlich, einige alte Wurzeln zu verlieren und neue zu produzieren. Insofern dürfen sie je nach Größe der Pflanze ohne weiteres auf eine Länge von 3 bis 5 cm zurückgeschnitten werden. Verwenden Sie aber eine sehr scharfe Schere, und desinfizieren Sie sie vor jeder Pflanze durch Eintauchen in Methylalkohol, um eventuelle Keime nicht zu verschleppen. Vermeiden Sie nach Möglichkeit, neue Wurzeln zu beschädigen, auch wenn diese leicht nachwachsen. Durch das Zurückschneiden des Wurzelballens regen Sie die Orchidee an, neue Wurzeln zu bilden. Sie brauchen nicht zaghaft zu sein, sollten aber auch nicht zu stark kürzen, damit die Wurzeln im neuen Topf noch Halt finden. Um Kontaminationen zu vermeiden, entsorgen Sie nach dem Schneiden die alte Erde vollständig, bevor Sie den Topf mit neuer Erde füllen.

● Etwas Pflanzenkosmetik

Jetzt ist auch ein geeigneter Zeitpunkt, die Orchidee etwas zu pflegen. Alte, abgestorbene Blätter, die sich braun gefärbt haben, und alte, tote Pseudobulben sollten entfernt werden. Pseudobulben leben nicht ewig. Sie sind zwar ein wichtiger Nahrungsspeicher, sind aber irgendwann auch verbraucht. Wenn sie sich braun gefärbt haben und eingeschrumpft sind, sollten sie entfernt werden. Trennen Sie das Rhizom durch, das die tote Pseudobulbe mit der lebenden Pflanze verbindet, und entsorgen Sie den Abfall. Wenn Sie an der Orchidee blattlose Pseudobulben entdecken, die noch grün und dick sind, dann lassen Sie diese stehen, da sie immer noch als Vorratsspeicher dienen. Manchmal gibt es so viele blattlose Pseudobulben, dass man getrost welche entfernen und zur Vermehrung der Pflanze verwenden kann. Darauf werden wir später noch zurückkommen.

Topfen Sie Orchideen um, wenn die neue Vegetationsperiode gerade erst begonnen hat und die neuen Wurzeln gebildet werden. Dann wird die Pflanze am wenigsten gestört.

Der richtige Topf

Nachdem die Orchidee jetzt beschnitten und gereinigt ist, muss für sie ein neuer Topf gefunden werden. Welcher Topf am besten aussieht, hängt von der individuellen Pflanze ab. Nehmen Sie keinen zu großen Topf in der Hoffnung, dann nicht so oft umtopfen zu müssen! Das funktioniert nicht. Die Topferde ist irgendwann verbraucht und wird zu nass, was dem Wachstum schadet. Aber zu klein darf der Topf auch nicht sein. Er muss Raum für ein mehrjähriges Wachsen und Gedeihen liefern. Meistens liegen Sie richtig, wenn der Topf um eine oder zwei Nummern größer ist als der vorherige. Töpfe aus

Der neue Topf für Ihre Orchidee sollte im Allgemeinen um zwei Topfgrößen voluminöser sein als der alte.

Kunststoff sind heute sehr beliebt, weil sie leicht und weitgehend bruchsicher sind. Tontöpfe sind schöner und passen zu Orchideen besser als Plastiktöpfe. Wichtiger als das Topfmaterial ist jedoch, dass der Topf im Boden über ausreichend viele und große Entwässerungslöcher verfügt.

Das Umtopfen

Jetzt kann das Umtopfen beginnen. Zunächst werden Sie wohl auf dem Topfboden eine Dränageschicht legen. Hierfür sind Kieselsteine geeignet, die allerdings unnötig schwer sind. Besser sind Styropor-Chips, wie sie auch als Füllmaterial für Verpackungen verwendet werden. Sie sorgen außerdem für eine Luftschicht in Bodennähe des Topfes. Eine Lage dieser Chips ist ausreichend.

Die Chips bedecken Sie mit einer Lage angefeuchteten Pflanzsubstrats, und darauf setzen Sie die Pflanze. Halten Sie die Orchidee so, dass die älteren Pseudobulben sich näher am Topfrand befinden und die neuen genügend Raum für ihr späteres Wachstum bekommen. Die Wurzeln sollten auf der Substratschicht aufliegen, und die Schösslinge sollten sich etwas unterhalb der Topfkante befinden. Während Sie die Pflanze mit einer Hand in dieser Position halten, füllen Sie mit der anderen Hand den Topf mit Substrat auf. Drücken Sie das Substrat mit den Daumen gut fest, bis die Pflanze selbstständig stehen kann. Substrat aus Rinde ist elastisch und lässt sich leicht andrücken. Steinwolle oder Perlite müssen nicht so fest angedrückt werden. Füllen Sie dann den Topf bis etwas unter den Rand mit Substrat auf. Wenn der Topf zu voll ist, läuft das Gießwasser seitlich über den Rand.

Die fertig eingetopfte Pflanze sollte fest stehen und nicht „wackeln". Andernfalls hätte sie Schwierigkeiten, gut zu verwurzeln. Vergessen Sie nicht, das Pflanzenetikett wieder am Topf anzubringen. Empfehlenswert ist auch, das Datum des Umtopfens zu notieren.

1 Legen Sie eine Dränage aus Styropor-Chips oder Kieselsteinen.

2 Setzen Sie die Pflanze so in den Topf, dass sie sich ausdehnen kann, nicht zu hoch und nicht zu tief.

3 Füllen Sie Rindensubstrat auf, und drücken Sie es (aber nicht die Pflanze!) mit den Daumen fest.

4 Die neuen Schösslinge liegen auf der Substrat-oberfläche unterhalb der Topfkante auf.

Orchideen eintopfen 41

Körbe

Viele Orchideenarten eignen sich für hängende Körbe, die es in verschiedenen Materialien und Größen gibt. Solange für eine ausreichende Dränage gesorgt ist, wachsen Orchideen in jeder Art von Behälter. Die aus dem Gartenbau bekannten Drahtkörbe sind zwar gut, verlieren aber beim Wässern sehr leicht ihr Substrat. Dies können Sie verhindern, indem Sie den Drahtkorb mit einem Kunststoffnetz oder einem Kokos-Geflecht auskleiden, bevor Sie die Orchidee einpflanzen. Für kleine Orchideen eignen sich auch die Pflanzenkörbchen, die man in Aquarien verwendet. Für manche Orchideen, die viele Luftwurzeln bilden, empfehlen sich Töpfe aus Netzmaterial, damit die Wurzeln sich entwickeln können. Andere Orchideen entwickeln Blütentriebe, die über den Topfrand hängen oder sogar durch die Löcher nach unten wachsen. Diese Pflanzen, zum Beispiel die Stanhopea, müssen natürlich hängen. Für sie ist ein Holzkörbchen aus Latten am besten geeignet. Allerdings erfordern derart gehaltene Orchideen, die wenig oder kein Substrat an ihren Wurzeln haben, eine sehr hohe Luftfeuchtigkeit. Das Umpflanzen einer Orchidee vom Topf in einen Korb ist schwieriger als das einfache Umtopfen. Wählen Sie einen Korb, der für mindestens die nächsten zwei Jahre ausreicht. Kleiden Sie die Innenseite des Korbs mit einem Netz aus, um das Ausspülen des Substrats zu verhindern, und verwenden Sie relativ grobes Rindensubstrat.

Mit hängenden Körben in Ihrem Gewächshaus nutzen Sie den gesamten Raum bis hinauf zum Dach. Die Orchideen, die dicht unter dem Dach hängen, profitieren von dem etwas helleren Licht. Sie werden aber feststellen, dass die oben hängenden Töpfe schneller austrocknen, und sollten darauf achten, dass auch diese Pflanzen genügend Wasser bekommen.

Viele Orchideen gedeihen sehr gut in Holzkörbchen und wachsen wie diese Stanhopea seitlich durch die Latten.

1 Der neue Schössling hat hier nicht genügend Platz, um zu einer neuen Pseudobulbe heranzuwachsen.

2 Wenn die Pflanze zu fest sitzt, drücken Sie von außen gegen den Topf, um den Wurzelballen zu lösen.

3 Entfernen Sie das alte Substrat, zum Beispiel auf Zeitungspapier, um es sogleich zu entsorgen.

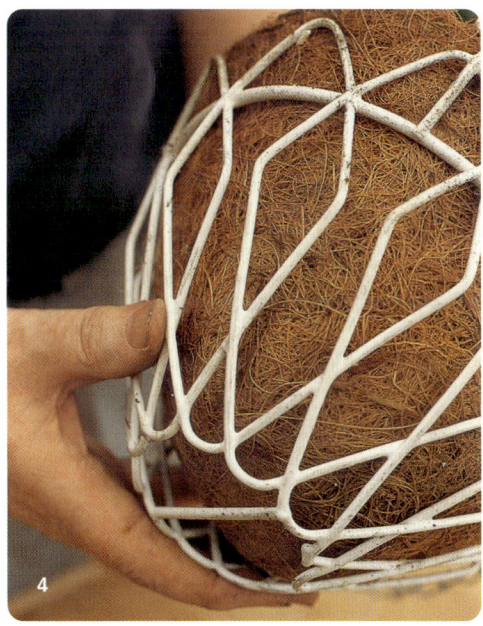

4 Dieser dekorative Korb ist mit einem Geflecht aus Kokosfasern ausgelegt.

5 Der Korb sollte so groß sein, dass die Pflanze darin zwei bis drei Jahre wachsen kann.

Orchideen eintopfen 43

6 Füllen Sie um die Pflanze herum Rindensubstrat auf.

7 Um die Orchidee nicht zu verletzen, drücken Sie das Substrat nur am Rand des Korbs fest.

8 Vergessen Sie nicht das Pflanzenetikett, und notieren Sie sich das Datum des Umpflanzens.

9 Wässern Sie den Korb sorgfältig, bevor Sie ihn in Ihr Gewächshaus hängen.

Auf Rinde pflanzen

Wie bereits erwähnt, wachsen viele Orchideen in ihrer Heimat epiphytisch auf den Bäumen der Regenwälder. Ähnlich können wir sie auf einem Stück Rinde oder Holz wachsen lassen. Hierfür sind vor allem Orchideen mit einem kriechenden Rhizom geeignet, das sich leicht auf der Oberfläche ausbreiten kann. Und wenn die Pflanze zudem noch viele Luftwurzeln bildet, kann sie auf einer Rinde sehr gut gedeihen. Solche Orchideen müssen allerdings regelmäßig gewässert und besprüht werden, weil sie viel schneller austrocknen als andere, deren Wurzeln in feuchtem Substrat stecken.

Das Umsetzen vom Topf auf Rinde sollten Sie zu Beginn der Wachstumsperiode, wenn die neuen Wurzeln sichtbar werden, durchführen. Das Rindenstück sollte etwas länger als die Pflanze sein und Platz für einige Jahre Wachstum bieten. Die Oberfläche der Rinde sollte rau sein, damit die Wurzeln Halt finden. Die Rinde der Korkeiche ist besonders gut geeignet und beliebt.

Im Regenwald, wie hier in Costa Rica, wachsen viele Orchideen epiphytisch auf Bäumen.

Bevor Sie die Orchidee umpflanzen, bohren Sie ein Loch in die Rinde und befestigen einen Draht zum späteren Aufhängen. Nehmen Sie die Pflanze aus dem Topf, und reinigen Sie die Wurzeln. Die älteren Wurzeln schneiden Sie auf 3 bis 5 cm zurück, verletzen dabei aber keine neuen Wurzeln! Zur Unterstützung der Wurzeln bilden Sie aus Torfmoos oder Kokosfasern ein Polster, in das Sie die Wurzeln einbetten, bevor Sie beides – Polster mit Wurzeln – auf der Rinde befestigen. Halten Sie die Pflanze in der gewünschten Lage, und fixieren Sie sie zwischen den Pseudobulben mit Bindedraht (mit Kunststoffmantel!). Der Draht muss der Pflanze Halt geben, darf sie aber nicht einschnüren oder gar einschneiden. Vor allem die neuen Triebe können sehr leicht verletzt werden. Natürlich müssen Sie die Orchidee sorgfältig wässern, damit die Wurzeln gut wachsen.

Viele Orchideen lassen sich auf diese Weise erfolgreich halten. Besonders eindrucksvoll wäre es, wenn Sie einen alten Baumstamm vollständig von verschiedenen Orchideen bewachsen ließen.

1 Diese Miltonia spectabilis ist ihrem Topf entwachsen. Sie würde sich auf einer Rinde wohler fühlen.

2 Schneiden Sie Pflanzenteile, die seitlich überstehen, ab. Lassen Sie aber der Pflanze mindestens vier Pseudobulben.

3 Diese Wurzellängen reichen aus, um auf der Rinde Fuß zu fassen.

4 Setzen Sie die Pflanze auf ein Polster aus Kokosfasern oder Torfmoos.

5 Setzen Sie die Orchidee zusammen mit dem Polster auf die Rinde. Lassen Sie Platz für die Schösslinge.

46 Orchideen eintopfen

6 Führen Sie ein Stück Bindedraht zwischen zwei Pseudobulben durch, und verknoten Sie den Draht an der Rindenrückseite.

7 Größere Pflanzen brauchen entsprechend mehr Befestigungen.

8 Jetzt wässern Sie die Pflanze sorgfältig.

9 Nun können Sie die Rinde an einem Ort mit hoher Luftfeuchtigkeit aufhängen.

Orchideen eintopfen 47

Vermehrung

Orchideen teilen

Die natürliche Vermehrung der Orchideen erfolgt zwar durch Aussaat, ist aber für die meisten Hobbyzüchter zu schwierig. Dagegen kann man durch Teilen der Pflanzen seinen Orchideenbestand einfacher aufstocken. Am leichtesten zu teilen sind sympodiale Orchideen, die mit Pseudobulben wachsen. Die Pseudo-bulben sind durch ein dickes Rhizom miteinan-der verbunden. Das Rhizom kann sehr kurz sein: Dann liegen die Pseudobulben dicht beieinan-der. Oder es kann länger sein, was bei „krie-chenden" Pflanzen der Fall ist. Wenn jedes Jahr nur die jüngste, führende Pseudobulbe treibt, kann es viele Jahre dauern, bis eine Teilung – wenn überhaupt – möglich ist. Wenn aber jähr-lich zwei oder mehr Neutriebe entstehen, kann man die Pflanze je nach Größe in zwei oder mehr Teilpflanzen trennen.

Jede Teilpflanze sollte vier bis fünf Pseudobulben mit jeweils mindestens einem neuen Trieb aufwei-sen.

Durchtrennen Sie das verbindende Rhizom zwischen den Pseudobulben, und ziehen Sie beide Teile vorsichtig auseinander. Eventuell muss auch der Wurzelballen durchtrennt werden.

● **Teilen einer Cymbidium**

Die vielleicht beliebteste Orchidee, die Hobbyzüchter teilen möchten, ist die Gattung Cymbidium. Diese Pflanzen werden sehr groß und können innerhalb weniger Jahre einen klei-nen Raum einnehmen. Cymbidium entwickeln regelmäßig mehrere Neutriebe, sodass die An-zahl der Pseudobulben rasch ansteigen kann. Achten Sie darauf, dass die abgetrennten Teile aus mindestens vier bis fünf Pseudobulben bestehen und jede wenigstens einen Neutrieb besitzt.

● **Entnehmen der Pflanze**

Wenn die Pflanze den Topf schon fast sprengt und ein Umtopfen bzw. Teilen überfällig ist, kann das Austopfen recht mühevoll werden. Bevor Sie die Pflanze verletzen, zerschneiden (Plastik) oder zerschlagen (Ton) Sie lieber den Topf. Wenn die Orchidee ohne Topf vor Ihnen liegt, sehen Sie sofort, an welcher Stelle sie geteilt werden kann. Eventuell zerfällt sie schon von allein in Einzelpflanzen. Wahrscheinlich aber hängen Pseudobulben und Rhizom dicht anein-ander. Dann erfordert es einiges Geschick, die Pseudobulben zu trennen.

● Teilen der Pflanze

Wie bereits erwähnt, sollte jedes Teil mindestens einen Neutrieb sowie vier bis fünf jüngere Pseudobulben besitzen. Mit zunehmendem Alter verlieren die Pseudobulben allmählich ihre Blätter und werden unansehnlich braun. Dann sollten sie im Rahmen der „Pflanzenkosmetik" entfernt werden. Insbesondere wenn die Pseudobulben geschrumpft und ausgetrocknet oder – noch schlimmer – innen feucht und faulig sind, müssen sie beseitigt werden. Dann ist die alte Pseudobulbe abgestorben, und es entsteht eine Lücke. An dieser Stelle kann die Pflanze geteilt werden. Wenn es keine alten Pseudobulben zu entfernen gibt, muss eine andere Stelle zum Teilen gefunden werden, nämlich zwischen zwei älteren Pseudobulben in einigem Abstand vom Neutrieb. Nehmen Sie ein scharfes und steriles Messer, und durchtrennen Sie das holzige Rhizom, das die Pseudobulben verbindet. Es erscheint Ihnen vielleicht etwas brutal, die Pflanze einfach zu zerschneiden. Aber wenn Sie es richtig machen – und auch zur richtigen Zeit (meistens im Frühjahr) –, dann schaden Sie der Pflanze nicht. Im Gegenteil, sie dankt es Ihnen. Topfen Sie anschließend die Einzelteile wie bereits beschrieben ein.

Entfernen Sie das alte Substrat möglichst gründlich, und trennen Sie die abgestorbenen Wurzeln ab. Auch jüngere Wurzeln dürfen auf 6 bis 10 cm Länge zurückgeschnitten werden. Damit wird das Treiben neuer Wurzeln beschleunigt.

● Vermehrung durch Rückbulben

Cymbidium-Orchideen bieten oft einen Überschuss an alten Pseudobulben, die immer noch grün und kräftig sind und immer noch schlafende Knospen aufweisen, die trotz ihres hohen Alters nicht verfault sind. Wenn diese Pseudobulben von der Mutterpflanze getrennt und separat eingetopft werden, besteht durchaus die Möglichkeit, dass sie ihrerseits wieder zu wachsen beginnen und neue Triebe entwickeln. Diese Methode nennt man „Vermehrung durch Rückbulben". Sie ist vor allem zur Vermehrung von Cymbidium sehr beliebt. Als es die Technik des Klonens noch nicht gab, war dies die einzige Möglichkeit, bestimmte, genetisch individuelle Bestände zu vermehren. Seltene Rückbulben prämierter Sorten erzielten damals sehr hohe Preise.

Stecken Sie die Rückbulben in ein Gemisch aus Rinde und Torf, und nehmen Sie einen relativ kleinen Topf, bis die Pflanzen eingewachsen sind. Halten Sie sie warm und feucht, zum Beispiel in einem Anzuchtkasten oder in einem Plastikbeutel, den Sie zubinden, um die Luftfeuchtigkeit hoch zu halten. Gießen Sie gelegentlich, um das Substrat feucht – aber nicht nass – zu halten. Auf diese Weise sollten die Knospen aus ihrem Schlaf erweckt werden und sich entwickeln. Die Nährstoffe, die in der Pseudobulbe gespeichert sind, unterstützen den neuen Trieb, der zunächst vermutlich ziemlich schwach sein wird. Die erste neue Pseudobulbe dieser Orchidee wird klein sein. Aber bei richtiger Kultivierung wird deren Größe von Jahr zu Jahr zunehmen, bis die Pflanze schließlich ausreichend groß ist, um zu blühen. Vielleicht werden Sie sich aber fünf Jahre gedulden müssen.

• Teilen anderer Orchideen

Die meisten sympodialen Orchideen lassen sich ähnlich wie die Cymbidium teilen, auch wenn es bei manchen länger dauert, bis sie eine zur Teilung geeignete Größe erreichen. Einige Gattungen, darunter Lycaste, Coelogyne, Brassia und Encyclia, gedeihen auch aus Rückbulben. Dendrobium-Orchideen tragen an ihren langen Pseudobulben viele „schlafende Augen" (Knospen), die eigentlich Blüten hervorbringen sollen. Aber man kann sie dazu bringen, stattdessen Triebe, so genannte Kindel, zu entwickeln. Manchmal sind Kindel unerwünscht, da sie sich von selbst entwickeln, wenn die Pflanze während der Winterruhe zu warm oder zu feucht gehalten wird. Andererseits müssen Sie genau diese Bedingungen schaffen, wenn Sie das Wachstum von Trieben anregen wollen.

Eine andere Möglichkeit der Vermehrung besteht darin, einen alten, aber noch grünen Stängel (Rückbulbe) von der Mutterpflanze zu trennen, in eine Schale mit feuchter Anzuchterde oder Torfmoos zu legen und regelmäßig zu besprühen. Diese Art der Vermehrung nennt man Nodienkultur. Sie ist besonders erfolgreich bei Dendrobium nobile und ihren Kreuzungen. Schneiden Sie den Stängel zwischen den Augen in einzelne Stücke ab, und desinfizieren Sie die Schnittflächen mit Schwefelpulver, um das Eindringen von Bakterien in das Pflanzengewebe zu verhindern. Die Augen an den Stängelabschnitten werden zu wachsen beginnen und sich zu jungen Pflanzen entwickeln, die Sie individuell eintopfen können, sobald die Jungorchideen ihr eigenes Wurzelsystem gebildet haben.

Die Gattungen Thunia, Calanthe und Pleione produzieren auch Kindel, während Phalaenopsis dafür bekannt ist, dass man Jungpflanzen aus den Augen an ihrem Blütenstiel ziehen kann.

• Cattleya teilen

Die Mitglieder der Gattung Cattleya kann man häufig teilen und vermehren, während sie noch in ihren Töpfen bleiben. Falls eine Pflanze im Topf über viele Pseudobulben verfügt, kann man das Rhizom zwischen zwei älteren Pseudobulben durchtrennen. Wenn die alten Pseudobulben schlafende Augen tragen, sollte mindestens eines davon zu wachsen beginnen und Wurzeln in den Topf treiben. Sobald der Nachwuchs genügend Stabilität besitzt, kann die gesamte Pflanze in zwei Einzelpflanzen umgetopft werden.

Gewebekulturen

Wenn ein gewerblicher Züchter eine besonders schöne Orchidee hat, die er massenhaft reproduzieren möchte, derart, dass jeder Nachkömmling mit der Mutterpflanze genetisch identisch ist, dann wendet er die Gewebe- oder Meristemkultur an. Als Meristem wird die Wachstumszone einer Pflanze, in der die neuen Pflanzenzellen entstehen, bezeichnet. Jedes Auge an der Pseudobulbe einer Orchidee beherbergt in seinem Zentrum ein Meristem, aus dem heraus sich ein neues Blatt oder ein neuer Trieb bildet. Dieses Meristem wird unter sterilen Bedingungen der Pflanze entnommen und in eine Nährflüssigkeit gebracht. Hierdurch bilden sich protocormähnliche Körper (PLB genannt), die sich sehr rasch vermehren und zu einer großen Zellkugel anwachsen, aber weder Blätter noch Wurzeln produzieren. Wenn man nun die PLBs vereinzelt und auf einen Nährboden aufträgt, dann beginnt jedes PLB Blätter und Wurzeln zu bilden.

Dieser Durchbruch bei der Vermehrung von Orchideen hat die Massenproduktion tausender verschiedener Orchideen ermöglicht. Die Meristemkultur wird sehr ausgiebig bei den Gattungen Cymbidium, Odontoglossum, Cattleya, Miltoniopsis und Dendrobium eingesetzt.

Mit ähnlichen Techniken vermehrt man Vanda-Orchideen, bei denen man die Blattspitzen zur Nachzüchtung verwendet. Jüngste erfolgreiche Methoden der Massenvermehrung von Phalaenopsis nutzen den Stiel der Pflanze.

Bestäubung

Innerhalb der riesigen und unterschiedlichen Orchideenfamilien finden sich unendlich viele Formen, Größen, Farben und Muster. Aber etwas ist allen Orchideen gemeinsam – die Struktur der Blüte.

- **Struktur der Orchideenblüte**

Im Zustand der Knospe bilden drei Kelchblätter oder Sepalen (äußere Blütenblätter) das Äußere der Blüte und schützen so die inneren Teile der Blüte während ihrer Entwicklung. Die Kelchblätter sind normalerweise etwa gleich groß. Das oberste ist als „dorsales Sepalum" bekannt. Die beiden unteren werden „seitliche Kelchblätter" (laterale Sepale) genannt. Als Nächstes haben wir drei Kronblätter oder Petale (innere Blütenblätter). Die beiden oberen ähneln sehr oft den Sepalen, während das dritte, untere Petalum zu einer Lippe (Labellum) ausgeformt ist. Dieses dient als eine Art Leuchtfeuer für die Insekten, die die Blüte bestäuben sollen. Mit seinem normalerweise gelben Zentrum lässt es die Insekten direkt auf den Nektar zusteuern. Dabei wird die Lippe gleichzeitig von den Insekten als eine Landeplattform genutzt.

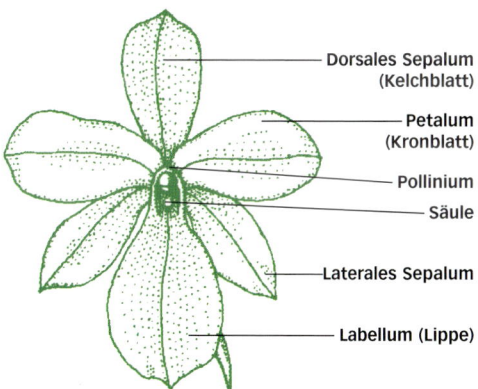

Der Blütenstaub liegt auf der Säule, genau in der Mitte der Blüte, wo er von den bestäubenden Insekten leicht erreicht werden kann.

Die kräftig gemusterte, leuchtend rot und gelb gefärbte Lippe dieser Blüte ist das ideale Mittel, um die Insekten zum Blütenstaub zu locken.

Viele Orchideen haben sich über Jahrtausende auf ein einziges Bestäubungsinsekt spezialisiert und ihre Blütenstruktur diesem Insekt angepasst. Einige haben sogar eine besonders listige Falle entwickelt, in der sie ein Insekt gefangen halten, bis es seine Bestäubungsarbeit geleistet hat. Danach wird es wieder in die Freiheit entlassen. Die verschiedenen Frauenschuh-Orchideen – Paphiopedilum, Phragmipedium und Cypripedium – sind gängige Beispiele dafür, wie Blüten sich angepasst haben, um ihre Beute gefangen zu halten und erst freizugeben, wenn sie die Blüte bestäubt haben. Die Lippe hat sich zu einer Art Tasche geformt, in die das Insekt fällt, wenn es zum Nektar gelangen will. Der einzige Ausweg aus der schlüpfrigen Höhle führt über einen behaarten Pfad, der das Insekt so leitet, dass es zwangsläufig Blütenstaub aufnehmen muss.

Genau über der Lippe der Blüte befindet sich die Säule. Dieser verlängerte Teil des Blütenstempels trägt auf seiner Unterseite die Narbe, wo der Blütenstaub von anderen Blüten abgelegt wird und die Blüte bestäubt. An seiner äußersten Spitze trägt die Säule den eigenen Blütenstaub, der vom Staubbeutel bedeckt ist.

Vermehrung 53

Der Blütenstaub ist zu einer Anzahl kugeliger Pollenkörner, dem so genannten Pollinium, zusammengeballt. In frischem Zustand ist es leuchtend hell und hängt an einem klebrigen Kissen, das am Körper des Insekts hängen bleibt. Der Blütenstaub wird dann auf der klebrigen Narbe der nächsten Blüte, die das Insekt besucht, abgelegt, sodass diese Blüte bestäubt wird.

Sobald die Bestäubung erfolgt ist, sterben die Blütenblätter ab, während die Säule anschwillt und den Blütenstaub zur Befruchtung hinab in Richtung Eizelle transportiert. Dieser Stängel ist tatsächlich der Fruchtknoten, der jetzt zur Samenkapsel wird, nachdem Blütenstaub und Eizelle sich zu einem winzigen Samen vereinigt haben. Die Samenkapsel wird in den folgenden Wochen und Monaten anwachsen und schließlich reif werden.

● Orchideensamen

Orchideensamen ist ziemlich einzigartig. Er ist unglaublich fein und erinnert meistens an goldgelben Staub. Die epiphytischen Arten stellen die Mehrzahl aller Orchideen in der Welt dar, und für eine Pflanze, die hoch oben in den Ästen eines Baumes lebt, wäre ein großer und schwerer Samen ungeeignet. Deswegen haben die Orchideen winzige Samen entwickelt, deren Embryo von einer hauchdünnen, nur eine Zelle starken Hülle umgeben ist. So können sich die Orchideensamen von Baum zu Baum über die Luft ausbreiten und bleiben in den höheren Astregionen, ohne auf den Waldboden zu fallen. Dies geschieht sehr allmählich: Die Samenkapsel öffnet sich langsam, und es kann mehrere Wochen dauern, bis sie entleert ist. Da es ziemlich dem Zufall überlassen bleibt, ob der Samen an einem geeigneten Platz niedergeht, produziert die Mutterpflanze tausende – genau genommen bis zu einer Million – dieser Samen,

um sicherzustellen, dass wenigstens einige auf „fruchtbaren Boden" fallen. In ihrer natürlichen Umgebung sind Orchideen auf bestimmte Pilzarten angewiesen. Ohne die Anwesenheit des Pilzgeflechts kann der Prozess des Keimens nicht einsetzen und können die Samen sich nicht entwickeln. Der Pilz muss den Orchideenembryo mit den zum Wachsen notwendigen Nährstoffen versorgen.

● Bestäuben kultivierter Orchideen

Bestäuben ist die Fortpflanzungsart der Orchideen in der Wildnis ihrer Heimat. Aber was ist, wenn Züchter in ihren abgeschirmten Gewächshäusern die Orchideensaat aufgehen lassen wollen? Dann werden die Blüten von Hand bestäubt. Dazu verwendet man ein angespitztes Streichholz (oder wie in den folgenden Bildern einen Kugelschreiber), nimmt den Blütenstaub vorsichtig auf und überträgt ihn auf eine andere Blüte. Die betroffenen Pflanzen werden dann mit dem Bestäubungsdatum und dem Namen der Partnerpflanze gekennzeichnet. Zusätzlich werden alle Informationen in einem Zuchtbuch festgehalten.

Sobald der Samen reif ist, muss sofort ausgesät werden, was bei modernen Züchtern unter sterilen Laborbedingungen geschieht. Zunächst muss der Samen selbst desinfiziert werden. Dann wird er auf einen speziellen Nährboden aufgetragen, der alle für die Keimung erforderlichen Nährstoffe enthält. Dieser Nährboden ist gewissermaßen ein Ersatz für die Pilzkulturen, die in der freien Natur das Keimen der Orchidee ermöglichen. Die Anzucht erfolgt steril unter Glas, wobei auch bestimmte Temperatur- und Lichtbedingungen eingehalten werden müssen.

Mit dem Keimen wandelt sich der Embryo in eine kleine Kugel grüner Zellen, die Protocorm genannt wird. Das Protocorm ist zur Photosynthese fähig, das heißt, es kann aus Sonnenlicht Energie für sein Wachstum gewinnen. So wächst es weiter, bis es so groß ist, dass es beginnt, sein erstes Blatt und Wurzeln zu treiben.

1 Mit einem nicht zu spitzen Gegenstand nehmen Sie den Blütenstaub von der ersten Orchideenblüte auf.

2 Der Blütenstaub dieser Cymbidium, der vom Staubbeutel bedeckt ist, klebt an der Kugelschreiberspitze.

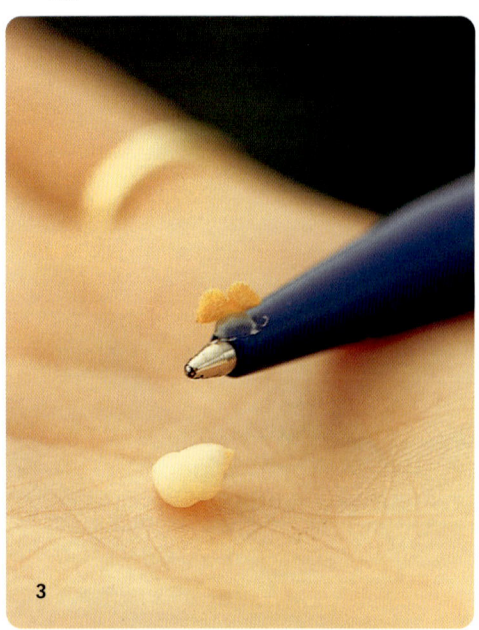

3 Klopfen Sie den Staubbeutel ab, um die leuchtend orangefarbenen Blütenstaubkörner freizulegen.

4 Führen Sie den Blütenstaub in die nächste Blüte ein, und zwar auf die Narbe (hinter den eigenen Blütenstaub dieser Blüte). Wiederholen Sie die Bestäubung umgekehrt.

Die winzige Orchideenpflanze nimmt Gestalt an und bildet mit dem Wachstum immer mehr Blätter und Wurzeln. Wenn diese Blätter zu wachsen beginnen, ist es Zeit, die kleinen Pflänzchen auszudünnen und in ein anderes steriles Gefäß mit einem etwas anderen Nährboden zu bringen. Die Züchter haben für diesen Nährboden viele verschiedene Rezepturen. Die häufigsten enthalten unter anderem Bananen und Holzkohle. Manche Orchideen bevorzugen kleine Zusätze von Kalium oder Kohlenstoff. Auch Kokosnüsse, Kartoffeln, Tomaten und Ananasfrüchte hat man schon verwendet, um in diesen wichtigen Monaten das Wachstum zu fördern.

In diesen zweiten Behältern bleiben die Jungpflanzen, bis sie ausreichend groß und kräftig sind, um in der Außenwelt zu überleben. Eine Pflanze mit gesunden grünen Blättern und vielleicht schon einer ersten kleinen Pseudobulbe sowie mit einem kräftigen Wurzelsystem hat viel bessere Überlebenschancen als eine kleine, schwache Pflanze. Deswegen ist es wichtig, die Orchideen so lange wie möglich in ihren Anzuchtgefäßen zu belassen.

Die Pflanzen müssen vorsichtig aus ihren Gefäßen genommen werden, weil sie noch sehr empfindlich und labil sind und leicht brechen können. Sie werden kurz mit einer pilztötenden Lösung gespült, damit sie nicht Opfer von Pilzsporen werden, die überall in der Luft herumfliegen. Dann werden sie in Anzuchtkästen umgepflanzt. Die Jungpflanzen sollten einzeln voneinander abgeschottet sein. Wenn eine Pflanze abstirbt, muss weitgehend verhindert werden, dass eventuelle Krankheiten auf die Nachbarpflanzen übergreifen. Da die Pflanzen noch sehr zarte Wurzeln haben, sollte anfangs eine sehr feine, feuchte Substratmischung gewählt werden. Eine ideale Mischung für Setzlinge besteht aus fein geschroteter Rinde, Perlite als Dränage und Torf oder Torfmoos als Feuchtigkeitsträger. Die jungen Pflanzen werden in einem warmen, feuchten Klima gehalten und mit einem Sprühnebel befeuchtet. Es muss unbedingt vermieden werden, dass sie zu sehr austrocknen.

In dieser Phase sind die Orchideen etwa ein Jahr alt, und es kann noch einige Jahre dauern, bis sie nach alljährlichem Umtopfen reif für die erste Blüte werden. Vom Samen bis zur blühenden Orchidee vergehen im Allgemeinen vier bis fünf Jahre.

Bei sympodialen Orchideen vergrößern sich die Pseudobulben von Jahr zu Jahr, bis sie genügend groß sind, um ihre erste Blütenspitze zu treiben. Von nun an werden sie Jahr für Jahr auf unbestimmte Zeit weiterwachsen und blühen.

Monopodiale Orchideen werden immer größere Blätter treiben, bis diese die optimale Größe erreicht haben.

Orchideen kreuzen

Wir wissen, dass das Interesse an Orchideen und ihrer Kultivierung viele tausend Jahre alt ist und immer neben anderen Formen des Gartenbaus existierte. Aber die gezielte Pflanzenzucht und das botanische Verständnis des Kreuzens entwickelten sich erst im 18. Jahrhundert.

● **Die Anfangszeit**

Zu Beginn der viktorianischen Zeit, auf dem Höhepunkt jener Orchideen-Welle, wollten verschiedene Experten herausfinden, was passieren würde, wenn sie unterschiedliche Arten aus ihren Orchideensammlungen miteinander kreuzten.

Die Firma Veitch & Söhne aus Exeter, England, war damals einer der weltweit größten Pflanzenzüchter. Sie beschäftigte Sammler in allen Kontinenten, die ihren Zuchtbetrieben neue Pflanzen – von Samen bis Bulben – schicken sollten. In Exeter hatten sie eine große Orchideensammlung, und der einheimische

NÄCHSTE SEITE: Bei dieser Encyclia kann man die alten Blütenblätter noch deutlich sehen. Die darunter sitzende Samenkapsel ist einige Monate nach der Bestäubung lang und dick geworden.

Chefzüchter hieß John Dominy. In den späten 1840er-Jahren arbeitete John Dominy mit einem Chirurgen namens John Harris zusammen, der auch Botaniker war und der die Anatomie der Orchideenblüten sehr intensiv studierte. Mit seiner Hilfe begann Dominy mit der Bestäubung verschiedener Orchideen. Seine Experimente mit eng verwandten Arten und ihrer gegenseitigen Befruchtung brachten einige Erfolge – aber auch einige Fehlschläge.

Sie lernten bald, dass nach einer erfolgreichen Befruchtung eine große Samenkapsel entstand, die viele tausende von Samen enthielt. Aber es war schwierig, den extrem feinen Samen zum Keimen zu bringen, ohne die notwendigen Umgebungsbedingungen umfassend zu verstehen. Leider hat John Dominy über seine ersten Versuche nicht sehr genau Buch geführt. Wir können aber davon ausgehen, dass er sehr viele verschiedene Orchideenarten kreuzte, um herauszufinden, welche Kreuzung zu Samen führen würde.

Die damals attraktivsten Orchideen waren die großen, farbenprächtigen Cattleya aus Südamerika. Sie waren die ersten Objekte seiner Kreuzungsversuche. Die dabei entstandenen Sämlinge erwiesen sich als sehr langsam im Wachstum. Es dauerte viele Jahre, bis sie schließlich blühten.

Und während die Pflanzen langsam wuchsen, setzten Dominy und seine Mitarbeiter die Bestäubung anderer Blüten fort. Darunter war auch die immergrüne Calanthe. Diese Gattung stellte sich als sehr fruchtbar heraus. Sie lieferte große Mengen an Samen, und ihre Saat ging rascher auf, die Pflanzen wuchsen schneller, wurden schneller reif und blühten früher. Die Sämlinge überholten die Jungpflanzen der Cattleya, die viel früher ausgesät worden waren. Und so waren es 1856 die Calanthe-Kreuzungen, die als Erste blühten. Sie stellten in der Orchideenwelt eine riesige Sensation dar. Die erste Orchideen-Hybride, eine Kreuzung aus Calanthe furcata und Calanthe masuca, erhielt John Dominy zu Ehren den Namen Calanthe Dominii.

Dominys Nachfolger bei Veitch & Söhne war ein Mann namens John Seden, der die erfolgreiche Reihe von Orchideenzüchtungen mit weiteren Arten fortsetzen sollte.

Zu ihrer großen Überraschung entdeckten die Züchter der frühen viktorianischen Zeit, dass es möglich war, von ihren Hybriden ausgehend eine zweite und dritte Generation an Kreuzungen hervorzubringen. Sie waren auch schon in der Lage, sehr weit entfernt verwandte Gattungen erfolgreich zu kreuzen, was nicht gerade mit vielen anderen Pflanzenarten möglich ist.

Diese Cymbidium-Hybride ist das Ergebnis langjähriger komplexer Kreuzungen.

Benennung der Hybriden

Etwa zur Jahrhundertwende, 50 Jahre nach Dominys ersten Kreuzungen, zogen viele Leute in England und Frankreich – und sogar an der Ostküste Amerikas – erfolgreich Orchideensämlinge. Bis dahin waren alle Kreuzungen zu botanischen Instituten wie dem Königlichen Botanischen Garten in Kew, England, geschickt worden, um sie dort zu klassifizieren und zu benennen. Hybriden aus dieser Frühzeit tragen üblicherweise lateinische Artennamen. Aber dies sollte sich ändern, und den Züchtern wurde erlaubt, ihren Hybriden eigenmächtig Namen zu geben.

In St. Albans, England, gab es damals einen sehr großen Orchideenbetrieb, Sanders, und dessen Eigentümer Frederick Sander lud alle Züchter ein, die Namen ihrer neuen Hybriden bei ihm einzutragen. Er würde die Namensliste – nach dem Motto „Wer zuerst kommt, mahlt zuerst" – veröffentlichen. Und wenn eine Kreuzung einen Namen bekommen hätte, würde dieser für alle Zeit Gültigkeit behalten. Alle Abkömmlinge derselben Elternpflanzen würden automatisch den bei Sander eingetragenen Namen erhalten. Dieses Verfahren wurde bis zum 1. Januar 1961 fortgesetzt. Dann übernahm die Royal Horticultural Society in London die Aufgabe der Registrierung.

Bis zum Ende des 20. Jahrhunderts wurden über 100 000 Hybriden registriert, und jährlich kamen 3 000 neue hinzu. Die Zahl der Neuzüchtungen schwillt von Jahr zu Jahr weiter an. Bis vor kurzem wurden die Neuzüchtungen alle fünf Jahre publiziert. Heute muss man dies jedoch in kürzeren Abständen tun. Das komplette Verzeichnis aller Orchideen ist auch auf CD-ROM erhältlich. Das heißt, ein Züchter kann die Ahnenreihe seiner Pflanze zur ursprünglichen Art zurückverfolgen und kann entdecken, wann und durch wen die früheren Kreuzungen angemeldet wurden. Für die Wissenschaft sind diese Informationen von unschätzbarem Wert. Bei manchen Hybriden kann man deren Abstammung bis zu den Anfängen im 19. Jahrhundert zurückverfolgen und erstaunt feststellen, dass die Pflanzen immer noch fruchtbar sind.

Phragmipedium Longueville

RECHTS: Dendrobium Pink Beauty, eine der vielen lebhaft gefärbten Hybriden, die von Den. nobile abstammen.

Bulbophyllum Jersey

Heutige Kreuzungen

In der viktorianischen Zeit wusste man wenig über Vererbungslehre. Die Züchter kreuzten einfach zwei verschiedene Blüten „auf gut Glück" und warteten das Ergebnis ab. Heutige Züchter brauchen dagegen gute Kenntnisse der Genetik. Wir wissen mittlerweile, dass die Baupläne des Lebens in den Chromosomen beider Elternteile niedergelegt sind. Die meisten Orchideenarten sind diploid, das heißt, bei ihnen sind die Chromosome paarweise vorhanden. Sie lassen sich bereitwillig kreuzen. Gelegentlich tritt bei einer Pflanze die doppelte Chromosomenzahl auf („tetraploid"). Wenn man eine diploide mit einer tetraploiden Pflanze kreuzt, verdoppelt sich die Anzahl der Chromosomen, die Blüten werden größer und schöner, und die gesamte Pflanze wird im Allgemeinen kräftiger. Eine Pflanze mit einer ungeraden Chromosomenzahl lässt sich nicht mit einer anderen kreuzen. Aber es ist heutzutage möglich, die Chromosomenzahl dieser Pflanze zu ändern, sodass sie sich in eine kreuzungsfähige verwandelt. Der Zweck der Kreuzungen ist, neue Farben, neue Formen und robustere Pflanzen hervorzubringen, bessere als je zuvor. Unter den 25 000 verschiedenen Orchideenarten gibt es nur sehr wenige, die als Basis für Züchtungen dienen. Und es sind diese wenigen aus den beliebtesten Gattungen, von denen die riesige Vielfalt heutiger Hybriden abstammt.

Es gibt im Wesentlichen zwei Arten von Züchtern: einerseits den kommerziellen Züchter, der ausschließlich für einen bestimmten Markt produziert, etwa für Topfpflanzen oder für Schnittblumen. Daneben gibt es den experimentellen Züchter, der immer etwas Neues oder Ungewöhnliches sucht. Letztere sind vor allem die führenden Hobbyzüchter, die viel Zeit und Arbeit in ihre Kreuzungsversuche investieren. Das Ergebnis dieser harten Arbeit kann man dann in den Orchideenausstellungen sehen: außergewöhnliche Pflanzen dank Züchterkunst.

RECHTS: Cymbidium Ming Pagoda, ein Musterbeispiel für die verblüffenden Ergebnisse ausgefeilter Züchterkunst.

Vuylstekeara Cambria Plush

Odontioda Garnet

Schädlinge und Krankheiten

Schädlinge

Im Gewächshaus oder auf der Fensterbank kommen unsere Orchideen nicht mit den Schädlingen aus dem Garten zusammen. Aber das Gewächshaus, das für die Orchideen ein Paradies darstellt, wird zum Paradies für die Schädlinge, sobald diese eindringen. Ohne natürliche Feinde, die regulierend eingreifen, können Schädlinge und Krankheiten rasch überhand nehmen.

Sie sollten daher für solche Bedrohungen ein wachsames Auge haben. Vorbeugen ist besser, als schwere Schädigungen heilen zu müssen. Wenn Sie wissen, welcher Schädling möglicherweise bestimmte Orchideen befallen könnte, dann können Sie schon durch regelmäßige Untersuchungen die Gefahr in einem frühen Stadium erkennen und bannen.

Manche Pflanzen dienen regelmäßig als Wirte für bestimmte Insekten, und oft stehen im Gewächshaus solche Pflanzen neben den Orchideen. Meistens macht sich ein Schädling zuerst an einer einzigen Pflanze bemerkbar, bevor er auf weitere übergreift. Wenn zum Beispiel Fuchsien neben Orchideen wachsen, wird die Weiße Fliege mit größter Sicherheit auch nicht weit sein. Sie greift allerdings die Orchideen nicht an.

Wenn Sie chemische Insektizide gegen Schädlinge einsetzen, ist es wichtig, dass Sie die Gebrauchsanweisungen der Hersteller genau befolgen. Es ist keinesfalls ratsam, die Mittel in höherer Konzentration als empfohlen einzusetzen oder mehrere Präparate zu mischen oder Präparate zu verwenden, deren Haltbarkeitsdatum abgelaufen ist. Auch sollten Pflanzenschutzmittel nicht eingesetzt werden, wenn Kinder oder Haustiere mit ihnen in Berührung kommen könnten.

In den letzten Jahren wurden viele starke Schädlingsbekämpfungsmittel aus dem Verkehr gezogen und sind nicht länger erhältlich. Sie sollten daher, wann immer es möglich ist, auf nicht-chemische, also biologische Mittel zurückgreifen.

Schädlinge können auf zweierlei Weise in Ihre Orchideensammlung eindringen. Zunächst einmal können sie mit infizierten Pflanzen eingeschleppt werden. Kontrollieren Sie daher jede Orchidee und auch jede andere Pflanze, die Sie neu in das Gewächshaus bringen. Sollten Sie auch nur etwas unsicher sein, stellen Sie die Pflanze eine Zeit lang unter Quarantäne, bevor sie mit dem Rest Ihrer Sammlung in Berührung kommt. Auch wenn Sie Ihre Pflanzen bei einem renommierten Züchter kaufen, muss das nicht immer heißen, dass sie frei von Schädlingen sind.

Den zweiten Gefahrenherd stellt der eigene Garten rund um das Gewächshaus dar. Er ist voller natürlicher Schädlinge. Die Blattläuse vermehren sich glücklich den Sommer über auf Ihren Rosen, und die rote Spinnmilbe nimmt im Spätsommer Ihre Apfelbäume in Beschlag. Die meisten dieser Schädlinge werden im Garten geduldet, weil man weiß, dass der kommende Winter sie auf natürliche Weise kräftig dezimieren wird.

Mäuse, die in Ihr Gewächshaus eindringen, können ein Problem darstellen. Sie stehlen den Blütenstaub von den Blüten und können sogar die Pseudobulben anknabbern.

Rote Spinnmilbe

Dieser Name ist etwas irreführend, da es sich weder um ein rotes Tier noch um eine Spinne handelt. Die rote Spinnmilbe ist so winzig, dass sie mit bloßem Auge kaum erkennbar ist. Sie greift bestimmte Orchideenarten stärker als andere an. Am meisten leiden die Cymbidium-Arten unter ihr. Die Spinnmilbe bevorzugt die Blattunterseiten, wo sie vor Feinden und vor Regen besser geschützt ist. In zu trockenen Gewächshäusern kann sich der Schädling sehr rasch vermehren. Bei Befall verfärbt sich die Blattunterseite silbergrau, und anschließend greift die Milbe auch die Blütenknospen und die Blüten an. Durch die große Anzahl der Milben wird die Pflanze stark geschwächt. Die Blätter werden zerstört, sodass die Orchidee nicht mehr richtig atmen kann. Die Eier der Milbe überwintern, und im folgenden Frühjahr und Sommer wird die Situation noch schlimmer.

Das beste Pflanzenschutzmittel gegen die rote Spinnmilbe ist Feuchtigkeit. Wenn Sie im heißen Sommer das Blattwerk besprühen, dann richten Sie den Sprühnebel auch gegen die Unterseite der Blätter. Besprühen Sie die gesamte Pflanze bis zur Spitze. In großen Cymbidium-Sammlungen ist das Auftreten des Schädlings keineswegs ungewöhnlich. Um eine schwer in Mitleidenschaft gezogene Cymbidium zu behandeln, nehmen Sie einen Eimer Wasser, etwas Gartenseife und einen Schwamm. Wischen Sie damit jedes einzelne Blatt mehrmals sorgfältig ab.

Die rote Spinnmilbe kann man auch durch andere, räuberische Milben, die speziell für den Gartenbau gezüchtet werden, bekämpfen. Diese Milben werden im Gewächshaus freigelassen, wo sie dann die roten Spinnmilben auffressen. Diese Art biologischer Schädlingsbekämpfung hat nur einen Nachteil: Wenn die Raubmilben die meisten Schädlinge vertilgt haben, sterben sie selbst aus, sodass man immer wieder neue einsetzen muss.

Wenn Insektizide gefahrlos eingesetzt werden können, dann sind systemische am besten, die von der Pflanze aufgenommen werden und

Um die rote Spinnmilbe zu bekämpfen und um ihr vorzubeugen, wischen Sie mit einem Schwamm und mit mildem Seifenwasser regelmäßig die Blätter beidseitig ab.

Die mikroskopisch kleine rote Spinnmilbe findet man überwiegend an der Unterseite der Blätter, wenn das Klima im Gewächshaus zu warm und zu trocken ist.

die Milben vergiften, wenn diese die Blätter kauen. Derartige Mittel können mehrmals jährlich vorbeugend auf das Blattwerk gesprüht werden. Sie impfen gewissermaßen die Pflanze gegen die Schädlinge und haben eine lang anhaltende Wirkung. Wenn sie – wie gesagt – gefahrlos angewendet werden können, sind sie eine hervorragende Option.

Falsche Spinnmilbe

Dies ist ein noch kleinerer Schädling, der auch als Phalaenopsis-Milbe bekannt ist, weil sie bevorzugt diese Orchideen angreift. Bei Befall brechen die Pflanzenzellen auf der Blattunterseite zusammen und hinterlassen ein Muster aus tiefen Löchern. Schon beim ersten Anzeichen eines Befalls muss man mit der Behandlung beginnen, wobei die bereits genannten Methoden auch hier zum Tragen kommen.

● Wollläuse und Schildläuse

Diese Plagegeister gehören zu einer großen Gruppe von Insekten, die viele für Orchideen schädliche Arten umfasst. Die genauen Unterscheidungsmerkmale müssen wir nicht kennen. Für den Orchideenzüchter sind sie einfach Schädlinge, die bekämpft werden müssen. Einige Schildläuse haben einen harten, schwarzen Panzer und siedeln sich an der Unterseite von Blättern an. Andere sind sehr weich und lassen sich leicht zerdrücken.

Bei den meisten dieser Insekten gibt es ein Larvenstadium, in dem diese sehr klein sind und kaum entdeckt werden. Ihre Anwesenheit bemerken wir erst, wenn wir auf der Blattunterseite die großen Muster dieser Insekten entdecken. Manche haben sich mit einem weißen, mehligen Pulver bedeckt. Dieser Schädling befällt die meisten Orchideen, ganz besonders aber die Cattleya und die von ihr abstammenden Hybriden. Die Insekten verstecken sich normalerweise auf der Unterseite der Blätter oder in den Blattachseln der Pseudobulben. Wenn sie

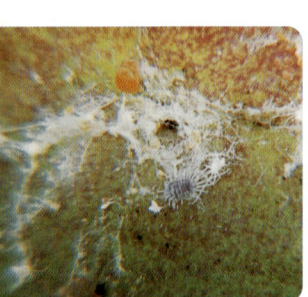

Das Auftreten der Wolllaus bemerkt man zuerst an einem feinen, weißen Gespinst an der Blattunterseite oder in verborgenen Löchern und Ritzen.

Bestimmte Wollläuse sind ziemlich mobil und sind gut sichtbar, wenn sie aus ihrem Versteck kommen. Sie bilden Gruppen und ernähren sich vom Pflanzensaft der Orchidee.

unentdeckt bleiben, können sie die Pflanze innerhalb kurzer Zeit schwächen und absterben lassen.

Die Mitglieder der Schildläuse-Familie können sich auf bestimmte Orchideenarten spezialisieren. Die eine Schildlausart findet man nur auf Pflanzen der Gattung Cattleya und nie auf einer Cymbidium, und umgekehrt. Auch die Wollläuse befallen die Orchideen. Sie sind wesentlich mobiler als Schildläuse und werden als weißlicher Flaum sichtbar. Sie breiten sich schnell über die gesamte Pflanze aus. Dort besiedeln sie nicht nur die Blattunterseiten, sondern versammeln sich auch um die Blüten und verstecken sich zwischen den Blütenblättern. Bei starkem Befall ist es das Beste, die Blüten zu entfernen anstatt zu versuchen, sie zu säubern. Zur Vorbeugung sollten die Blattunterseiten regelmäßig untersucht werden. Denken Sie auch daran, einen Blick auf die wachsenden Blütenspitzen zu werfen, um das weißliche Gespinst noch vor dem Öffnen der Blüte zu entdecken.

Man kann diese Schädlinge biologisch bekämpfen – mit einem bestimmten Marienkäfer, der nur Wollläuse vertilgt. Aber wie bei allen biologischen Mitteln besteht die Gefahr, dass der Kampfgenosse ausstirbt, bevor die Schädlinge endgültig ausgerottet sind. Seifenlauge (mit Eignung für den Garten) ist sehr wirkungsvoll. Denn sowohl Wollläuse als auch Schildläuse tragen eine fettig-schmierige Schutzhülle. Und wenn diese von der Seife aufgelöst wird, sind die Insekten sehr verletzlich und sterben schnell. Daher kann das Waschen der Pflanze mit Gartenseife oder einer Alkohollösung ein sehr effektives Schutzmittel sein. Wenn eine Cattleya-Sammlung von Schildläusen schwer befallen ist, kann es Monate dauern, bis man die Plage schließlich los wird. Aber Sie müssen hartnäckig sein, wenn die Insekten nicht die Oberhand gewinnen sollen.

Die meisten Schildläuse und Wollläuse sind tropischen Ursprungs und sind in kühleren Regionen in der freien Natur unbekannt. Bei uns wurden sie mit infizierten Pflanzen eingeschleppt.

● Schnecken

Schnecken kriechen unerwartet von außen ins Gewächshaus und können dort zu einer richtigen Plage werden. Die meisten Orchideen bilden relativ harte Blätter, die für die Schnecken keine allzu attraktive Nahrung darstellen. Aber diese Schädlinge mögen sehr gern die Blütenspitzen und Knospen. Irgendwie sind sie in der Lage, eine schmackhafte Blütenspitze aus großer Entfernung aufzuspüren. Wenn es im ganzen Gewächshaus nur eine einzige Blütenspitze gibt, können Sie sicher sein, dass eine Schnecke sie finden wird. Und wenn es dort ein Dutzend oder mehr Blüten gibt, dann wandert der Schädling von einer Blüte zur anderen und knabbert jede etwas an. Anstatt sich mit einer Blüte zufrieden zu geben und diese aufzufressen, kann die Schnecke in einer Nacht die Schönheit des gesamten Bestands ruinieren.

Die einzigen Orchideenblätter, die Schnecken gerne mögen, sind die weichen, fetten Blätter der Phalaenopsis. Diese Biester lieben auch die Orchideenwurzeln und fressen die jungen, zarten Spitzen.

Die beste Methode, die Schneckenplage einzudämmen, ist, das Gewächshaus sauber und aufgeräumt zu halten, damit die Tiere beim Eindringen nicht gleich einen Unterschlupf finden. Die Blütenspitzen kann man schützen, indem man ein Baumwollband um den Stiel und den unterstützenden Bambusstock wickelt. Die Weichtiere finden auf dieser flaumigen Oberfläche keinen Halt und können sie nicht überwinden. Nach Einbruch der Dunkelheit können Sie die Übeltäter auch mit einer Taschenlampe aufspüren.

Eine kleine dunkle Schnecke mit rundem Schneckenhaus, die sich häufig in der Pflanzenerde aufhält und vermehrt, kann unter den Sämlingen große Verwüstungen anrichten und die Wurzeln der Jungpflanzen zerstören. Ein wirksames Mittel gegen sie ist das Auslegen von Apfel- oder Kartoffelscheiben auf dem Erdboden. Kontrollieren Sie diese Köder jeden Morgen. So können Sie die Übeltäter leicht vernichten. Schnecken können auch mit Sprühmittel bekämpft werden, was aber nicht notwendig ist, wenn Sie das Gewächshaus regelmäßig nach ihnen absuchen.

Wenn Sie den Sommer über Ihre Orchideen in den Garten gebracht haben und anschließend in das Gewächshaus zurückbringen, dann können Schnecken, die sich unten in den Dränagelöchern der Töpfe oder im Substrat versteckt haben, eingeschleppt werden. Stellen Sie einfach die Orchideen für eine halbe Stunde bis zum Topfrand in ein Wasserbad, bevor Sie sie wieder im Gewächshaus aufstellen. Das reicht aus, um die lästigen Topfbewohner zu ertränken.

Schnecken können Verwüstungen anrichten, vor allem an den weicheren Pflanzenteilen der Orchidee: an neuen Blütentrieben, Knospen und jungen Blättern. Diese große Gartenschnecke findet bei kaltem Wetter ihren Weg ins Gewächshaus. Kleinere Schnecken leben hier vielleicht ständig.

● Blattläuse

Es gibt viele Arten dieses Schädlings, die unter dem Sammelbegriff Blattlaus bekannt sind. Sie schädigen die Pflanze selbst nur selten, weil deren Blätter zu hart sind, ausgenommen die weichblättrigen Orchideen wie Lycaste oder Calanthe. Die zarten Blätter dieser Orchideen können versprühte Insektizide sehr gut aufnehmen. Wenn in einer Sammlung nur wenige Pflanzen betroffen sind, ist es am einfachsten, die Orchidee auf die Seite zu legen, um an die Unterseite der Blätter heranzukommen. Dann wischt man die Schädlinge mit einem feuchten Tuch ab und wiederholt dies bei Bedarf.

Blattläuse befallen meistens die Knospen und Blüten. Sie haben die unangenehme Fähigkeit, sich rasend schnell zu vermehren. Innerhalb weniger Tage können aus einigen Insekten viele Dutzend oder gar Hunderte werden. Die Knospen sind der empfindlichste Teil der Orchidee, und jedes Insektizid, das hier eingesetzt wird, kann der Knospe mehr schaden als der Schädling selbst. Die Knospe kann sich gelb

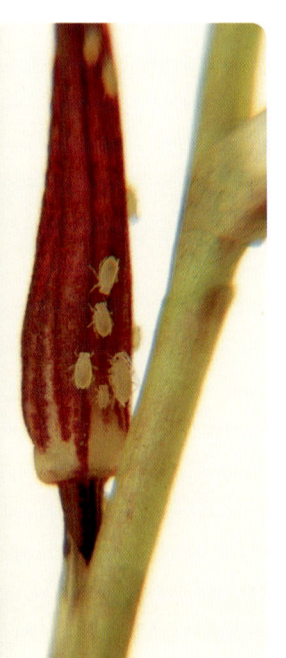

Wenn man sie nicht stört, können Blattläuse sich sehr rasch vermehren und an jungen Blättern und Blütenknospen große Schäden anrichten.

färben und abfallen. Daher sollten Sie beim ersten Anzeichen von Blattlausbefall an Knospen diese sofort mit Wasser abwaschen. Wenn die Blüten sehr stark befallen sind und die Blattläuse zwischen den Blütenblättern und im Blütenhals sitzen, ist es dringend zu empfehlen, den gesamten Trieb zu entfernen, um ein Übergreifen auf andere Blüten im Gewächshaus zu verhindern. Wie gegen alle Saft saugenden Insekten kann vorbeugend ein systemisches Insektizid als Langzeitschutz verwendet werden. Dennoch ist Wachsamkeit die beste Methode, Schädlinge zu bekämpfen.

● Rüsselkäfer

Einer der häufigsten Schädlinge im Garten ist der Rüsselkäfer. Er gedeiht in den Töpfen von Pflanzen wie Alpenveilchen, wo er alles zerstört, was er bekommen kann. Sowohl die Larve als auch der erwachsene Käfer greifen die Pflanze an. Zum Glück hört man wenig, dass die Rüsselkäfer an Orchideen Schäden anrichten. Aber wenn sie sich im Topf eingenistet haben, dann frisst die Larve schnell die Wurzeln der Orchidee an. Wie bei allen Schädlingen muss auch hier schnell reagiert werden. Topfen Sie die Pflanze vollständig um, entfernen Sie das alte Substrat, spülen Sie die Wurzeln unter fließendem Wasser, und lassen Sie sie trocknen. Kontrollieren Sie die Pflanze genau. Das gesamte alte Substrat sollte gewissenhaft entsorgt werden. Rüsselkäfer können mit Insektiziden bekämpft, das heißt besprüht werden. Allerdings sind sie gegen die meisten im Handel erhältlichen Mittel resistent.

Die Larve des Rüsselkäfers ist für die Orchideenwurzeln äußerst schädlich. Der ausgewachsene Käfer frisst zudem in der Dunkelheit auch junge Blätter.

Ameisen

Ameisen stellen für Orchideen keine oder nur eine geringe Gefahr dar. Wenn man sie die Blütenstängel hinauf und hinab laufen sieht, dann besuchen sie normalerweise die Blüten, um Nektar zu holen. Sie sind aber Plagegeister. Wenn Blattläuse eine Pflanze befallen haben, kann man beobachten, wie Ameisen diese Schädlinge pflegen und ihre Verbreitung fördern, weil sie sich von dem süßen Honigtau, den manche Blattlausarten produzieren, ernähren. Ameisen können von ihrem Nest im Garten zum warmen Gewächshaus große Entfernungen zurücklegen. Man kann sie aber leicht bekämpfen, indem man quer über ihre Pfade Ameisenfallen aufstellt. Wenn die Ameisen in einem Orchideentopf ein Nest angelegt haben, dann setzen Sie den Topf für eine halbe Stunde unter Wasser.

Moosfliegen

Moosfliegen sind kleine Insekten, die sich in bestimmten Orchideensubstraten sehr schnell vermehren, vor allem wenn das Substrat Torf oder Moos enthält. Der ausgewachsenen Orchidee können sie kaum etwas anhaben, aber bei starkem Befall von Anzuchtkulturen können sie die jungen Wurzeln schädigen. Das ausgewachsene Tier ist ein schlechter Flieger und wandert daher nicht weit. Diese und andere kleine Fluginsekten wie Mücke und Thrips können ebenso wie Ameisen unter Kontrolle gehalten werden, indem man zwischen die Orchideen Insekten fangende Pflanzen setzt. Pinguicula und Sonnentau mit ihren klebrigen Blättern sind für den Züchter von zunehmendem Interesse.

Holzasseln

Holzasseln bevölkern unsere Komposthaufen, wo sie sehr nützlich sind, indem sie die Pflanzenabfälle zersetzen. Im Gewächshaus können sie jedoch zur Plage werden, wenn sie unentdeckt in den Dränagelöchern der Töpfe sitzen und die Wurzel angreifen. Sie scheinen gegen die meisten Gifte und Köder immun zu sein. Die Ausbreitung von Holzasseln bekämpft man am besten durch größte Sauberkeit. Schmutzige leere Töpfe und altes Pflanzenmaterial sollten immer sofort beseitigt werden. Bei Verdacht auf Holzasseln sollten Sie die Pflanze sofort umtopfen oder den Topf eine halbe Stunde lang unter Wasser setzen.

Hummeln

Im zeitigen Frühjahr kommen die Hummeln aus ihren Winterquartieren, sind hungrig und nehmen den Duft der Cymbidium auf. Und schon sind sie im Gewächshaus. Sind sie erst einmal drin, fliegen sie glücklich von Blüte zu Blüte. Mit jedem Besuch einer Blüte bestäuben sie diese, und innerhalb weniger Tage beginnen viele – befruchtete – Cymbidium zu verblühen. Gegen diese Insekten sollten Sie alle Öffnungen, Lüftungsfenster und Türen mit einem Insektennetz oder -gitter abdichten.

Mäuse

Mäuse finden durch jedes kleine Loch und durch jede Ritze ihren Weg ins Gewächshaus. Sie greifen zwar die Orchideen nicht direkt an, mögen aber die Blütenknospen und die nahrhaften Pollen frischer Blüten. In einer einzigen Nacht kann eine kleine Mäusefamilie die Pollen aller Ihrer Orchideen vertilgen.

Halten Sie die Hummeln fern von Ihren Orchideenblüten. Andernfalls bestäuben sie die Blüten und verkürzen so deren Leben.

Krankheiten

Vorbeugung ist auch das Hauptthema, wenn es darum geht, den üblichen Orchideenkrankheiten zu begegnen.

● **Bakterien und Pilze**

Alle Orchideen, ob sie nun im Gewächshaus kultiviert werden oder in einem Tropengarten stehen oder in ihrer wilden Heimat leben, sind der Gefahr durch verschiedene Bakterien- oder Pilzinfektionen ausgesetzt. Vor allem in Gewächshäusern kann eine in einem Anzuchtkasten beginnende Fäulnis sehr rasch auf den Rest der Pflanzen übergreifen. Wenn Ihre Topforchideen aus unersichtlichem Grund zu faulen beginnen, können sie schnell unrettbar eingehen. Einige der Infektionen und Pilze werden über die Luft oder über das Gießwasser übertragen. Die Bakterien und Sporen von anderem, verrottendem Pflanzenmaterial können sich nicht so leicht ausbreiten, wenn Sie den Boden und die Bänke Ihres Gewächshauses peinlichst sauber halten und keinen Abfall liegen lassen. Sogar ein Komposthaufen in der Nähe könnte ein Ansteckungsherd sein. Hygiene bewahren ist besser als kurieren, und gesunde, kräftige Pflanzen widerstehen möglichen Infektionen von Natur aus besser.

Früher stellten die Orchideenzüchter häufig Wassertanks unter die Bänke. Beim Gießen lief dann das überschüssige Wasser durch die Ritzen der Bänke zurück in die Tanks. In den warmen Gewächshäusern birgt diese fortlaufende Rückgewinnung das Risiko, dass im Wasser Krankheitskeime entstehen bzw. sich vermehren. Mit jedem Wässern werden die Pflanzen erneut mit den Keimen infiziert, und irgendwann können sie der Infektion aus eigener Kraft nicht mehr widerstehen. Auch ein Regenwassertank außerhalb des Gewächshauses ist ähnlich problematisch, vor allem wenn Bäume ihr Laub in den Tank fallen lassen. Es ist zwar empfehlenswert, weiches Wasser anstelle von hartem Leitungswasser zu verwenden, aber wenn es zu lange gelagert wird, kann es eher schädlich sein.

Im Allgemeinen beginnen die Probleme im Herbst oder Winter, wenn die Orchideen langsamer wachsen. Niedrige Temperaturen, kombiniert mit zu viel Feuchtigkeit, können schnell eine Infektion im unteren Bereich der Pflanze auslösen. Wenn dort die Fäulnis erst einmal beginnt, ist sie schwer zu stoppen und breitet sich über die gesamte Pflanze aus. Junge Sämlinge sind sehr gefährdet. Ein kompletter Anzuchtkasten kann innerhalb weniger Tage dahingerafft werden. Besonders anfällig sind weichblättrige Orchideen wie Phalaenopsis.

Die beste Vorbeugung ist, die Orchideen im Winter trocken zu halten und für viel Luftzirkulation und gutes Licht zu sorgen. Miltoniopsis und Phalaenopsis, die das ganze Jahr über wachsen, müssen warm gehalten werden.

Zu dieser Jahreszeit können auch Blüten und Knospen infiziert werden. Die große, weiße Phalaenopsis bildet sehr schnell feuchte Flecken, wenn sie zwei oder drei Nächte zu kalt gehalten wurde.

Cymbidium- und Phalaenopsis-Knospen sind gegen zu schwaches Licht sehr empfindlich. Wenn in den dunklen Wintermonaten tage- oder wochenlang keine Sonne scheint, werden die Knospen gelb und fallen ab. Die Pflanzen wärmer zu halten, um das schlechte Licht zu kompensieren, ist ganz falsch. Orchideen mögen keine Hitze bei gleichzeitig schwachem Licht. Einige Züchter behelfen sich mit künstlichem Licht, was aber nur bei bestimmten Arten wie Phalaenopsis und Cattleya Erfolg versprechend ist.

Wenn eine Pflanze an einem neuen Trieb oder an einer Bulbe Anzeichen von Fäulnis zeigt, müssen die betroffenen Teile unbedingt schnellstens entfernt werden. Schneiden Sie die Pflanze mit einem scharfen, desinfizierten Messer bis zum gesunden Material zurück, und behandeln Sie sie mit einem der handelsüblichen Fungizide oder antibakteriellen Mittel. Aber verabreichen Sie keine Überdosis, denn dies könnte das Wachstum behindern.

Fleckige Blüten sollten Sie entfernen, damit die Pflanze zum Wachsen und späteren erneuten Blühen angeregt wird, wenn es ihr wieder besser geht. Halten Sie in kalten Winternächten mit einem kleinen Föhn die Temperatur und die Luftzirkulation ausreichend hoch. Zimmerorchideen sollten besser von der Fensterbank weg und in die trockenere Raummitte gestellt werden, wo die Infektionsgefahr geringer ist.

● Viren

Diese mikroskopisch kleinen Organismen können in die Pflanzenzellen eindringen und enormen Schaden anrichten und deformierte Blätter und schlechte Blüten hervorrufen. Es gibt viele verschiedene Virenarten mit unterschiedlicher Aggressivität. Phalaenopsis-Pflanzen werden ohne ersichtlichen Grund infiziert – vielleicht wegen ihrer weichen Blätter –, während andere Orchideen, etwa die Cymbidium, die zu Viren neigen, jahrelang ohne äußere Anzeichen fortbestehen. Wieder andere Orchideen, zum Beispiel die Coelogyne, werden überhaupt nicht infiziert.

Einen Virusbefall bei Cymbidium entdeckt man zuerst an den neuen Trieben, wenn sich helle Muster im Grün finden. Später sterben diese Muster ab und hinterlassen tote Pflanzenzellen, in denen sich Bakterien und Pilze einnisten. Dabei bekommt das Blatt schwarze Flecken. Ein derartiger Virusbefall ist unheilbar. Um eine Ausbreitung zu verhindern, muss die Pflanze umgehend entfernt werden. Viren breiten sich von Pflanze zu Pflanze nur langsam aus, aber die Saft saugenden Insekten, wie etwa die rote Spinnmilbe, sorgen für eine rasche Übertragung. Alte Cymbidium-Sammlungen sind oft sowohl mit der roten Spinnmilbe als auch mit Viren infiziert, und solche Sammlungen kann man dann nur schleunigst vernichten.

Eine weitere Gefahr der Übertragung von Krankheiten besteht in den Messern und Scheren, die zum Beschneiden der Pflanzen verwendet werden.

Diese Phalaenopsis zeigt die Symptome einer zu nassen Haltung. Die Blätter beginnen sich gelb und braun zu verfärben und werden bald abfallen. Eine solche Pflanze am Leben zu erhalten, ist oft schwierig.

Der Hobbygärtner, der saubere und gesunde Pflanzen aus einer zuverlässigen Quelle bezieht, muss kaum mit Viren rechnen. Aber Blätter, die schon viele Jahre alt sind, werden irgendwann natürlich schwarze Flecken und Anzeichen des Absterbens aufweisen. Wenn solche Blätter abfallen, müssen sie sofort aus dem Gewächshaus gebracht werden.

Nach Expertenmeinung tragen die meisten Orchideen Viren in ihren Blättern. Aber nur unter Stress oder bei schwerer Vernachlässigung der Pflanze treten die Viren in Erscheinung.

Schädlinge und Krankheiten 73

Beliebte
Pflanzen

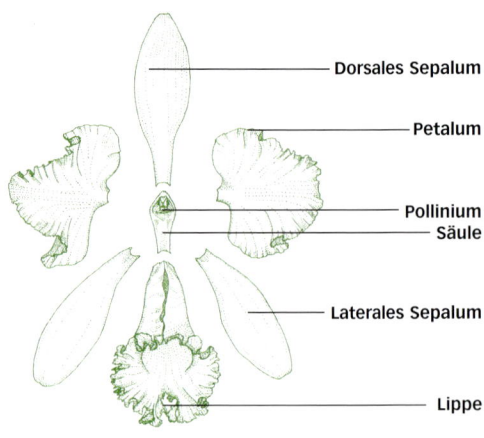

Dorsales Sepalum

Petalum

Pollinium
Säule

Laterales Sepalum

Lippe

Die einzelnen Bestandteile der Cattleya-Blüte

Die Cattleya-Allianz

Die Cattleya-Allianz ist eine riesige Gruppe von Orchideen. Botanisch gehören sie nach der Klassifizierung von Dressler zum Subtribus (Unterstamm) Laeliinae, der unter anderem die Gattungen Cattleya, Laelia, Sophronitis, Brassavola, Encyclia und Epidendrum umfasst. Alle Kreuzungen innerhalb dieser Gruppe werden immer als Cattleya bezeichnet.

Ihre Heimat ist Südamerika bis hinauf nach Mexiko. Einige Arten stammen von den Westindischen Inseln. Die größten und farbenprächtigsten Pflanzen kommen aus den Bergen an der Küste Brasiliens. Diese Orchideen haben beim Kreuzen eine wichtige Rolle gespielt: Aus ihnen ist eine enorme Anzahl neuer Blüten hervorgegangen, deren mächtigste fast die Größe eines Tellers erreicht und in vielen Farben wochenlang blüht. Die kleinsten Blüten sind winzige, strahlende Juwelen.

Die erste Pflanze, eine C. labiata, gelangte 1818 als Füllmaterial in die Sammlung eines gewissen Mr. Cattley in Süd-London. Er erkannte, dass die Pflanze ganz anders war als alle anderen, die er bis dahin gesehen hatte, und so pflegte er sie sorgfältig und brachte sie zum Blühen. Dies war eine riesige Sensation, und die Pflanze wurde nach Mr. Cattley benannt. Seitdem erinnert man sich an diesen Mann. Mittlerweile wurden zwar viele Orchideen nach ihren Entdeckern benannt, aber wenige erreichten dieselbe Berühmtheit wie die Cattleya.

Ihre Beliebtheit scheint heute in Amerika am größten zu sein, wo die viel Platz beanspruchenden Pflanzen von Hobbyzüchtern in großen Gewächshäusern gehalten werden. Da ihre Blüten nicht allzu lange und jahreszeitlich sehr begrenzt leben, konnten sie sich als Topfpflanzen am Markt nicht durchsetzen.

Die Cattleya bildet eine lange, kräftige Pseudobulbe, an deren Spitze eine, zwei oder manchmal drei dicke, ledrige Blätter treiben. Diese Pflanzen wachsen als große Gruppe von Pseudobulben und blühen an den jüngsten Trieben. Die Blüten treten zu zweit oder zu dritt, manchmal sogar zu fünft, aus dem Inneren einer Blattscheide an der Spitze einer Pseudobulbe hervor.

● Pflege und Kultivierung

Viele dieser Arten erweisen sich als schwierig zu pflegen und werden heute nur noch selten gehalten, weil sie sehr spezielle Anforderungen an die Kultivierung stellen. Die farbenfrohen Hybriden sind pflegeleichter und sehr begehrt. Wegen der vielfältigen Kreuzungen kann man gar nicht mehr so leicht ihre Blühperiode bestimmen. Die zyklische Vegetation beginnt an der Basis der führenden Pseudobulbe. Wenn dieses Wachstum zur Hälfte beendet ist, werden viele neue Wurzeln gebildet. Zu dieser Zeit muss viel gegossen und gedüngt werden, damit zumindest die Größe des Vorjahres erreicht wird.

Sobald das neue Wachstum abgeschlossen ist, geht die Blattscheide mit den Blüten auf. Die meisten Cattleya blühen in ihrer Ruheperiode. Daher sollte man sie in dieser Zeit wenig gießen.

Wenn die Orchideen verblüht sind – und bevor das erneute Wachsen beginnt –, ist die beste Zeit des Umtopfens gekommen, vor allem dann, wenn die führende Pseudobulbe den Topfrand erreicht hat.

In den Wintermonaten können diese Orchideen volles Sonnenlicht vertragen. Mit fortschreitendem Frühjahr können die Blätter leicht überhitzen. Dann muss man bis zum Herbst für eine angemessene Beschattung sorgen.

Je nach Züchtung können einige Orchideen aus dieser Gruppe auch tiefere Temperaturen vertragen, insbesondere wenn sie von mexikanischen Laelia-Arten abstammen. Die unempfindlichsten Sorten können Temperaturen von 12 °C aushalten. Sicherer ist es bei gemischten Sammlungen allerdings, die Temperatur nicht unter 15 °C sinken zu lassen. Dies sollte die unterste Grenze in einer kalten Winternacht sein. Im Sommer, wenn die Pflanzen aktiv sind, liegen die Nachttemperaturen natürlich wesentlich höher. Die Tagestemperaturen sollten jeweils entsprechend höher sein. An heißen Sommertagen werden die Orchideen Ihnen für zirkulierende Frischluft und Schutz vor direkter Sonneneinstrahlung dankbar sein. Damit schaffen Sie ideale Wachstumsbedingungen. Die Pflanzen dürfen nie vollständig austrocknen. Es gibt zwar viele Arten von Orchideensubstrat, aber die Cattleya gedeiht am besten in groben Rindenstücken, in denen sie mit ihren langen, weißen Wurzeln festen Halt finden kann.

Cattleya bowringiana

Dies ist eine sehr dankbare Art, die gerne einen großen Blütenkopf mit manchmal bis zu 20 Einzelblüten hervorbringt und im Winter eine wunderbare Pracht darstellt. Die tief purpurfarbene Blüte hat eine noch dunklere Lippe und hat etwa die Form einer Trompete.

Die hohen Pseudobulben tragen oben ein Blätterpaar. Das herrlich sattgrüne Blattwerk benötigt viel Licht, um die Pflanze zum Blühen anzuregen.

Cattleya skinneri

Diese Art wächst nicht so hoch wie die C. bowringiana, bildet aber größere Blüten in lavendel-purpurfarbenen Schattierungen. Ein Blütenkopf bringt bis zu acht langlebige Blüten hervor. Eine rein-weiße Art, C. skinneri var. alba, ist auch sehr beliebt, aber immer seltener anzutreffen. Sie wurde in Guatemala entdeckt, ist aber die Nationalblume von Costa Rica.

Cattleya bowringiana

Cattleya skinneri

Cattleya harrisoniae x Penny Kuroda

Cattleya Louis and Carla

Laeliocattleya Chine

Cattleya trianae

Dies ist eine der bekanntesten einblättrigen Cattleya-Arten. Jede Pseudobulbe bringt nur ein einziges Blatt hervor, weswegen sie vielen Laelia-Arten ähnlich sieht. Die Blüten können Durchmesser von bis zu 20 cm annehmen. Die Farben variieren, tendieren aber im Allgemeinen zu weichen, feinen Pink- oder Weißtönen. Die große Lippe ist dunkler und an den Rändern rüschenartig gewellt.

Cattleya harrisoniae x Penny Kuroda

Diese Hybride hat wie einige andere Cattleya-Arten eine etwas andere Blüte mit einer geigenförmigen Lippe. Die Form ist klar, und die Farben sind ungewöhnlich erdig – rötlich bis pink, was die Blüte von anderen Cattleya-Blüten hervorhebt. Die Pseudobulbe ist länger und dünner als andere und trägt oben ein Blätterpaar.

Cattleya Louis and Carla

Die ewig blühenden Cattleya-Hybriden wie diese waren schon immer sehr beliebt. Die reine Farbe mit nur einem Hauch von Gelb im Blütenhals ist ein langlebiger Blickfang. Die Blüten duften meistens süß. Die Pflanze kann sehr groß werden und sollte daher genügend Platz bekommen.

Laeliocattleya Chine

Diese märchenhafte Kreuzung aus Laelia und Cattleya ist ein gutes Beispiel für eine erfolgreiche Züchtung. Die großen Blüten haben einen Durchmesser von etwa 15 cm und kräftige Blütenblätter, die mindestens vier Wochen lang ihr perfektes Aussehen behalten. Blüten dieser Größe brauchen beim Öffnen der Knospen etwas Unterstützung, am besten durch vorsichtiges Anbinden an einem Bambusstab.

RECHTS: Cattleya trianae mit ihren großen, duftenden und langlebigen Blüten. Hybriden sind meistens leichter erhältlich als die ursprünglichen Arten.

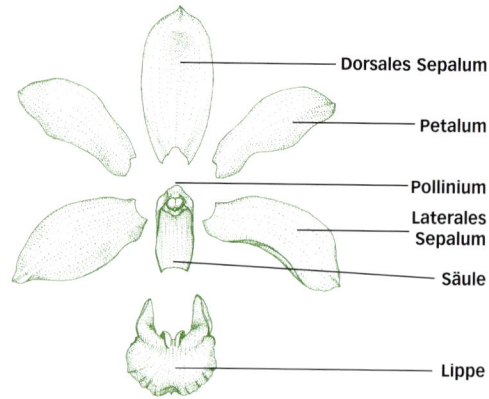

Dorsales Sepalum

Petalum

Pollinium

Laterales
Sepalum

Säule

Lippe

Die einzelnen Bestandteile der Cymbidium-Blüte

Cymbidium

Die Cymbidium gehört zu den beliebtesten kultivierten Orchideen. Sie wird oft als „Orchidee für Anfänger" betrachtet, weil sie kaum umzubringen ist. Aber umgekehrt ist es auch schwierig, sie gut gedeihen zu lassen.

Die natürliche Verbreitung dieser Gattung verlief von China aus nach Japan, über die Himalaja-Länder nach Indien, Thailand, Indonesien und Nordaustralien. Das heimatliche Umfeld ist sehr vielseitig. Manche Pflanzen wachsen in den Höhen des Himalaja und ertragen hier kalte Nächte und heiße, sonnige Tage. Andere Arten stammen aus dem tropischen Regenwald. Wieder andere Arten, zum Beispiel Cym. sinense oder Cym. canaliculatum, gedeihen in den trockenen, öden Gegenden Australiens und verlassen sich während ihrer Vegetationsphase auf den jährlichen Monsunregen. Die hartblättrigen Arten wie etwa Cym. aloifolium, die man in Gegenden Asiens findet, können der grellsten Sonne widerstehen. Sie wachsen epiphytisch auf Laubbäumen oder auf Felsnasen.

Viele Arten, die auf hohen Bäumen wachsen, entwickeln lange, hängende Blütenstängel, die aber aufrecht stehen, wenn die Pflanze kultiviert wird. Die Gattung Cymbidium umfasst auch Vertreter der Erdorchideen, zum Beispiel Cym. insigne, die in hohem Gras zwischen Rhododendronbüschen wächst. Sie haben sich angepasst und treiben hohe, aufrecht stehende Blütenstängel. So unterschiedlich die Heimat der Cymbidium sein kann, so unterschiedlich sind auch die Blüten der einzelnen Arten in ihrer Gestalt, Größe und Farbe.

● **Winzige, Kompakte und Normale**

Die Cymbidium-Orchideen teilt man in diese drei Gruppen ein. Echte Winzlinge passen in einen Topf von 10 bis 12 cm, und ihre Blütenstängel erreichen etwa 45 cm Höhe. Die schönen kleinen Blüten sind entlang des Stiels angeordnet. Die „normalen" Cymbidium-Orchideen können zu sehr großen Pflanzen heranwachsen. Auf bis zu 120 cm hohen Spitzen können sie großartige Blüten hervorbringen. Die Gruppe der Kompakten ist zwischen den beiden anderen angesiedelt. Diese Orchideen passen in Töpfe von 18 bis 20 cm und entwickeln pro Pflanze vier oder fünf Spitzen von 60 bis 70 cm Höhe.

● **Eine Geschichte der Kultivierung**

Unter allen Orchideen hat die Cymbidium die längste Geschichte der Kultivierung. Schon 2000 v. Chr. pflanzten Chinesen und Japaner sie ihres Duftes wegen in der Nähe ihrer Häuser und Tempel. Cym. ensifolium, eine der am stärksten duftenden Orchideen, die aus Südchina stammt, war sehr wertvoll. Die Chinesen versuchten nicht, diese Art zu kreuzen, sondern bauten sie nur ihres Parfüms wegen an. Die Japaner haben schon immer eine große Anzahl Miniaturarten der Cymbidium kultiviert, die sie in sehr dekorativen Tontöpfen hielten.

In Europa begann man sich für diese Gattung zu interessieren, als die Pflanzen erstmals in England eingeführt wurden. Sie wurden in den großen Wintergärten der viktorianischen Zeit beliebt. Aber erst gegen Ende des 19. Jahrhunderts begann man mit der Hybridisierung. Als Ergebnis dieser Arbeiten können wir uns heute an einer riesigen Vielfalt an Farben, Formen und Größen erfreuen, von denen die frühen Züchter nicht einmal träumen konnten.

● Kreuzungen

Überraschenderweise sind es nur wenige Arten, die zu unseren modernen Hybriden beigetragen haben, und sehr viele Arten wurden nie für Kreuzungen in Erwägung gezogen. Nur fünf oder sechs Arten spielen hier eine wichtige Rolle, und die Ahnenreihe heutiger Hybriden, die man auf irgendeiner Cymbidium-Ausstellung bewundern kann, umfasst nicht mehr als zehn bis zwölf Arten. Das ist so, weil die Mehrzahl aller Orchideen kleine, unscheinbare Blüten hervorbringt.

Bis in die 1950er-Jahre wurde das Kreuzen kontinuierlich fortgesetzt, aber man konzentrierte sich auf eine begrenzte Anzahl Arten. Die Saison startet in Europa etwa im Februar, erreicht ihren Höhepunkt im März oder April und endet im Mai. Jeder Züchter mit einer frühen Cymbidium, die schon im Januar blühte, war sehr glücklich. Eine blühende Orchidee vor Weihnachten zu sehen, war extrem selten.

Durch selektive Zucht wurden inzwischen Cymbidium-Orchideen hervorgebracht, die äußerst früh, nämlich schon im Juli und August, blühen. Ein Orchideensammler, der seine Pflanzen sorgfältig auswählt, kann heute das ganze Jahr über irgendeine Cymbidium in voller Blüte haben. Die Mehrzahl der Kreuzungen erfolgte auf der Basis der Hochlandarten aus dem Himalaja. Diese Züchtungen können heute überall auf der Welt gehalten werden, wo die Temperaturen nicht zu hoch sind.

● Die richtigen Bedingungen

In jenen Teilen der Welt, wo die Temperatur nicht unter 10 °C fällt, gedeiht die Cymbidium gut im Gewächshaus oder in schattigen Häusern, die ihnen das ideale indirekte Licht bieten, das sie so mögen. Im Gewächshaus blühen sie reichlich und lang anhaltend. Wenn die Pflanzen blühen, kann man sie mit Erfolg ins Haus holen. Stellen Sie sie bei gutem Licht in einen kühlen Raum, keinesfalls in die Nähe einer Wärmequelle. Gleich nach der Blüte sollten sie ins Gewächshaus zurückgebracht werden.

In kälterem Klima, etwa in Europa oder an der Ostküste Nordamerikas, muss die Cymbidium im heizbaren Gewächshaus gehalten werden. In den kältesten Winternächten darf die Temperatur nicht unter 10 °C fallen, und tagsüber muss sie entsprechend höher sein. Diese kühlen Nächte sind für das Aufblühen entscheidend.

Einige Züchter ziehen es vor, ihre Cymbidium während der frostfreien Monate ins Freie zu stellen. Wenn Sie dies ebenfalls machen wollen, bringen Sie die Orchideen an einen hellen, luftigen Ort mit Halbschatten, um sie vor den Strahlen der heißen Sommersonne zu schützen. Stellen Sie die Pflanzen aber nicht in eine dunkle Ecke oder unter eine dichte Hecke, wo kein Licht hinkommt. Und stellen Sie die Orchideen etwas erhöht auf, vielleicht auf einen Tisch. Damit verbessern Sie die Luftzirkulation und verhindern weitgehend, dass unerwünschte Schädlinge sich im Topf einnisten.

Ein Haus mit Zentralheizung ist nicht der ideale Standort für eine Cymbidium, weil die Temperatur im Allgemeinen nachts zu hoch ist.

● Tägliche Pflege

Cymbidium-Orchideen sollten drinnen wie draußen ganzjährig gewässert werden. Die Pflanzen, die während der Sommermonate im Freien stehen, erfordern eine besonders sorgfältige Behandlung, um sicherzustellen, dass sie in der Sommerhitze nicht austrocknen. Sie vertragen in ihrem Gießwasser fast ganzjährig etwas Dünger, nur in den dunklen Wintermonaten äußerst wenig. Den meisten Dünger brauchen sie im Frühjahr und im Sommer. Im Spätsommer erscheinen allmählich die Blütenstängel. Achten Sie besonders darauf, dass diese Spitzen nicht zerstört oder von Schnecken angefressen werden. Ab einer Höhe von ca. 15 cm muss eine Spitze gestützt werden, am besten mit einem kleinen Bambusstock. Orchideenarten, die im späten Frühjahr blühen, wachsen im Winter nicht, sondern erst bei zunehmendem Tageslicht im Frühling. Die mitten im Winter blühenden Cymbidium brauchen möglichst viel Licht und kühle Nachttemperaturen. Zu warme Nächte bei gleichzeitig zu schwachem Licht lassen die Knospen abfallen.

Nach der Blüte kommt ein neuer Vegetationsschub, der zur Bildung einer neuen Pseudobulbe führt. Einige Pflanzen können gleichzeitig mehrere Triebe entwickeln, sodass eine reife Cymbidium 15 bis 20 Pseudobulben besitzen kann.

Cymbidium-Orchideen gedeihen am besten in grobem, lockerem Substrat, in dem ihre dicken Wurzeln sich rasch ausbreiten können. Das Umtopfen sollte alle zwei bis drei Jahre erfolgen. Jährliches Umtopfen ist nicht empfehlenswert. Am schönsten blühen die Pflanzen in ihrem dritten Jahr, wenn sie im Topf gut eingewachsen sind.

Bezüglich der Topfgröße gibt es keine Beschränkungen. Aber wenn die Orchidee zu groß und unhandlich wird, sollte man sie teilen und die Topfgröße wieder verringern. Eine geteilte Pflanze sollte aber immer noch vier bis fünf Pseudobulben aufweisen.

● Kommerzielle Cymbidium-Arten

Die Cymbidium war schon immer eine beliebte Schnittblume, entweder als Einzelblüte oder auch im Brautstrauß. Sie wird auch in großer Menge für den Topfpflanzenmarkt angebaut. Es gibt einige Hybriden, die auf die Cymbidium zurückgehen.

Cymbidium erythrostylum

Cymbidium lowianum

Cymbidium erythrostylum

Dies ist vielleicht eine der schönsten Cymbidium-Arten. Die ungewöhnliche Form der Blüte weicht von anderen Blüten dieser Gattung ab. Die beiden oberen Petalen sind nach vorne über die Lippe gezogen und geben der gesamten Blüte ein interessantes, dreieckiges Aussehen. Die weißen Blütenblätter und die gelb und rot gestreifte Lippe haben zu vielen Kreuzungen verleitet. Diese Art ist relativ klein

Cymbidium tracyanum

und daher für den Hobbyzüchter mit einem kühlen Gewächshaus ideal. Bis zu acht Blüten pro Zweig erfreuen den Besitzer mehrere Winterwochen lang.

Cymbidium lowianum

Dies ist eine erstaunliche Art, die für langen, bogenförmigen Zweig großer grüner Blüten bekannt ist. Diese kräftige Färbung, in Kombination mit dem tiefen Rot auf der weißen Lippe, war der Anlass für die häufige Verwendung bei der Zucht moderner Hybriden. Die Art stammt aus Thailand und Burma und ist hoch oben in den Bäumen anzutreffen. Es ist eine sehr begehrte Orchidee, die neben modernen Hybriden in einem kühlen Gewächshaus sehr gut gedeiht. Die langlebigen Blüten sind im Frühjahr viele Wochen zu bewundern.

Cymbidium tracyanum

Auch diese sehr beliebte Orchidee mit ihren kaffeebraun und grün gestreiften Blütenblättern und der gepunkteten, cremefarbenen Lippe wird für weitere Züchtungen verwendet. Die großen Blüten werden im Herbst von einem langen, gebogenen Stiel getragen, der bei der reifen Pflanze bis zu einem Meter erreichen kann. Diese thailändische Orchidee braucht viel Platz, aber sie ist ihren Platz wert, allein schon wegen ihres ungewöhnlichen Wohlgeruchs. Sie ist leicht zu kultivieren und ist dankbar, wenn sie unter ähnlichen Bedingungen wie die Kühle liebenden Cymbidium-Hybriden leben kann, vor allem auch im Sommer außerhalb des Gewächshauses.

Cymbidium Cotil Point

Die Gruppe der „normalen" Cymbidium-Orchideen ist groß. Sie können bis zu 1,5 Meter hoch werden, wenn sie im späten Winter und im Frühjahr in voller Blüte stehen und mit ihren großen (12 cm Durchmesser) Blüten einen spektakulären Blickfang darstellen. Diese rosa- bis pinkfarbene Hybride ist eine typische moderne Zucht und eine der beliebtesten Arten, die heute angebaut werden. An die Kultivierung stellt sie keine besonderen Anforderungen.

Cymbidium Cotil Point

Jedoch sollte man ihr ausreichend Platz für die großen Pseudobulben und die langen Blätter geben.

Cymbidium Kiwi Sunrise

Einige der beliebtesten Miniatur-Cymbidium-Arten blühen im Sommer. Kiwi Sunrise, eine Zucht aus Neuseeland, ist auch für ihren leichten Wohlgeruch bekannt. Die Blüten stehen in gleichmäßigen Abständen an einem aufrechten Stiel, was die Pflanze hervorragend für Dekorationen geeignet macht.

Cymbidium Summer Pearl

Summer Pearl ist eine schöne cremefarbene Orchidee und ein typischer Vertreter der beliebten, pflegeleichten Miniatur- oder Kompakt-Orchideen, die heute erhältlich sind. Die Pflanzen können dennoch 60 cm Höhe und ihre Blüten etwa 5 cm Durchmesser erreichen. Im späten Sommer und im Herbst brechen die Blüten auf und behalten ihre Schönheit für sechs bis acht Wochen, weshalb sie als Geschenk ideal geeignet sind. Die Pflanze gedeiht sehr gut und blüht im folgenden Jahr willig, wenn man sie kühl und bei gutem Licht hält.

Cymbidium Kiwi Sunrise

Cymbidium Summer Pearl

Dendrobium

Unter den Orchideenfamilien gibt es einige, die riesengroß sind, und die Gattung der Dendrobium gehört dazu. Es gibt so viele Arten und Unterarten, dass man gar nicht genau sagen kann, wie groß die Anzahl der Dendrobium-Orchideen tatsächlich ist. In entlegenen Teilen der Welt werden immer wieder neue Arten dieser Gattung entdeckt, sodass man ohne weiteres von mindestens 1000 Dendrobium-Arten sprechen kann. Ursprünglich stammen sie aus nördlicheren Regionen wie China und Indien und breiteten sich nach Südosten und Süden aus: nach Japan, über die Malaiische Halbinsel, die Philippinen, Borneo, Neuguinea und weiter über Australien bis in den Norden von Neuseeland. Man findet sie in jeder Umgebung, von Meereshöhe bis in die höchsten Bergregionen, von der trockenen, öden Steppe bis in den ständig feuchten Dschungel.

Die Mitglieder dieser Gruppe sind derart verschieden, dass man über das Aussehen und über die Kultivierung dieser Pflanzen keine allgemeine Aussage machen kann. Sie alle bilden schlanke, blättrige Pseudobulben, deren Länge zwischen fünf Millimetern und zwei Metern liegen kann und deren Dicke von der eines Bleistifts bis zu der eines Männerarmes reicht. Die Blüten haben meistens eine bizarre Form, sind aber in Größe und Farbe höchst unterschiedlich.

● Hybriden

Der Mensch hat eine Vielzahl sehr beliebter Kreuzungen geschaffen, die sich in drei Hauptgruppen unterteilen lassen. Zunächst wurde in Japan und auf Hawaii sehr ausgiebig gezüchtet, und zwar mit der indischen Art Den. nobile. Von ihr abstammende Orchideen bilden große, langlebige Blüten aller Farben.

Die Zucht mit einer anderen Art, Den. phalaenopsis oder Den. bigibbum, wurde vor allem in Thailand und Singapur vorangetrieben. Diese Orchideen können auf dem Feld angebaut werden und eignen sich hervorragend als Schnittblumen. Die Blumen können ganzjährig geerntet und in alle Welt verschickt werden. Die dritte Hauptgruppe, die das Interesse der Züchter geweckt hat, ist eine australische Art, die hauptsächlich auch in Australien angebaut und gezüchtet wird, um den steigenden Bedarf an Haus- und Gartenpflanzen in klimatisch geeigneten Regionen zu decken.

● Dendrobium in der Wildnis

Fast alle Dendrobium-Arten sind epiphytisch. Sie wachsen auf Bäumen und lassen ihre länglichen Pseudobulben herabhängen. Einige kleine Arten, so genannte Zweigepiphyten, wachsen auf den äußeren Zweigen von Bäumen und Büschen. In derart exponierten Lagen wird ihr Leben vielleicht nur kurz sein, weil sie leicht vom Sturm weggefegt werden und dann am Boden eingehen. Damit aber die Art überleben kann, wachsen und vermehren sich diese kleinen Pflanzen sehr schnell.

● Pflege und Kultivierung

Die Dendrobium war schon immer beliebt. Im Gewächshaus kann man sie in kleinen Töpfen mit groben Rindenstücken halten. Man kann sie an Baumstümpfen oder an Korkstücken hängend befestigen. Während der Vegetationsperiode sollten Sie die Pflanzen regelmäßig besprühen, damit die langen Pseudobulben sich rasch vollenden. Im Herbst verlieren viele Arten ihre Blätter und überwintern blattlos, was mit der Trockenperiode in ihren Heimatländern korrespondiert. Während der Winterruhe bei Temperaturen von 8 bis 10 °C brauchen sie so viel Licht wie möglich. Im Frühjahr wächst an jedem Auge, wo zuvor ein Blatt abgefallen war, eine

Blütenknospe. Die Blüten sind zwar kurzlebig, aber die Blütenpracht entschädigt für die Mühe eines ganzen Jahres.

Nur wenige Dendrobium-Orchideen wachsen kontinuierlich, sodass eigentlich alle Arten zwei ausgeprägte Perioden aufweisen: eine kurze Periode schnellen Wachstums, in der sie viel Wärme, Wasser und Dünger brauchen, und eine Ruheperiode, in der einige Arten ganz oder teilweise ihre Blätter verlieren, während andere Arten grün bleiben. Unabhängig von diesen Eigenschaften ist es wichtig, dass man nach dem Abschluss der Vegetationsperiode mit dem Wässern sehr zurückhaltend ist. Pflanzen, die in dieser Phase gegossen werden, laufen Gefahr, ihr ruhendes Wurzelsystem zu verlieren oder die Augen an der Basis der Pflanze zu beschädigen. Das wiederum beeinflusst das künftige Wachstum: An den Stellen, wo sich eigentlich die Blütenknospen bilden sollten, sprießen kleine Triebe, so genannte Kindel. Das mag schön sein, wenn Sie die Orchidee vermehren wollen. Doch ein solches Auge wird keine Blüte mehr hervorbringen. Zur Vermeidung von Kindeln muss daher die Pflanze im Winter trocken gehalten werden.

● Die Wegwerf-Mentalität

Der Bedarf an Dendrobium-Orchideen war und ist ständig vorhanden: für den Hobbyzüchter, für den Schnittblumenmarkt und für den Topfblumenmarkt. Eine weit verbreitete Verhaltensweise ist, eine blühende Pflanze zu kaufen, sich ein paar Wochen an ihr zu erfreuen und sie dann wegzuwerfen. Dies erscheint als große Verschwendung. Aber vom Standpunkt des kommerziellen Züchters aus fördert diese Mentalität den unersättlichen Bedarf des Marktes.

● Dendrobium nobile var. virginale

Diese Art aus dem Himalaja ist eine Albinoform der üblicherweise purpurfarbenen Arten. Die reinweißen Blüten zeigen keine Spur von Gelb, was sehr ungewöhnlich ist. Die Blüte hält mehrere Wochen, wobei die Blüten umso schöner und langlebiger sind, je kühler die Pflanze

im Winter und in der Blüteperiode gehalten wird.

Dendrobium infundibulum

Dies ist eine der vielen Dendrobium-Arten aus dem Hochland des Himalaja. Ihre kräftigen, großen Pseudobulben stellen eine Besonderheit dar: Sie sind von einer Schicht sehr dunkler, fast schwarzer Haare bedeckt. Die großen weißen Blüten sind sehr beeindruckend und äußerst langlebig. Sie bleiben viele Wochen in perfektem Zustand, werden dann etwas durchsichtig, bleiben aber noch mehrere Wochen an der Pflanze, bevor sie abfallen. Wie viele Himalaja-Orchideen lieben sie die Kälte.

Dendrobium nobile var. virginale

Dendrobium infundibulum

Dendrobium Emma White

Dendrobium Pink Beauty

Dendrobium Brownie

Eine Gruppe Wärme liebender Dendrobium-Orchideen stammt aus dem Fernen Osten. Die am häufigsten vertretenen Farben sind Pink und Weiß. Aber es gibt auch einige neue Farben, darunter Gelb, Grün und Brauntöne. Auf ihre Kultivierung hat dies jedoch keinen Einfluss: Sie mögen es ebenfalls warm.

Dendrobium Emma White

Die in der Wärme wachsenden Dendrobium-Pflanzen bilden an der Spitze der reifsten Pseudobulbe einen Strauß auffälliger Blüten und können an derselben Spitze im Folgejahr noch einmal blühen. Es gibt sie in vielen Farben, doch ist reines, klares Weiß am beliebtesten. Die Blüte hält viele Wochen an.

Dendrobium Pink Beauty

Auf der Basis der Den. nobile erfolgten außerordentlich viele Züchtungen. Sie brachten eine große Anzahl von Hybriden hervor, die sich für das kühle Gewächshaus ideal eignen. Es gibt diese Orchideen jetzt in allen Pink- und Purpurschattierungen, in Weiß und Gelb sowie mit Mustern und Rändern in Kontrastfarben.

Das Erfolgsgeheimnis für den Orchideenfreund ist wieder einmal Kühle, Licht und Trockenheit in der winterlichen Ruhephase. Dann werden die Pflanzen im Frühjahr zu kräftigem Blühen angeregt.

Dendrobium Thai Fancy

Einige Hybriden, so auch diese, wurden auf kleineren Wuchs hin gezüchtet. Diese hier erreicht in blühendem Zustand nur eine Höhe von etwa 30 cm. Die größeren Arten können doppelt so hoch werden. Diese Orchideen brauchen gutes Licht und Wärme, um zu blühen. Daher sind sie als Zimmerpflanze ideal für eine warme, sonnige Fensterbank geeignet. Im Hochsommer benötigen sie allerdings etwas Abschattung. Sie sollten nicht zu feucht gehalten und nur ab und zu gegossen werden. Wenn das Substrat zwischendurch austrocknet, schadet das nichts.

Dendrobium Thai Fancy

LINKS: Dendrobium Brownie. Dies ist ein Musterbeispiel für eine der neu gezüchteten Farben – ein wirklich ungewöhnliches Kupferbraun.

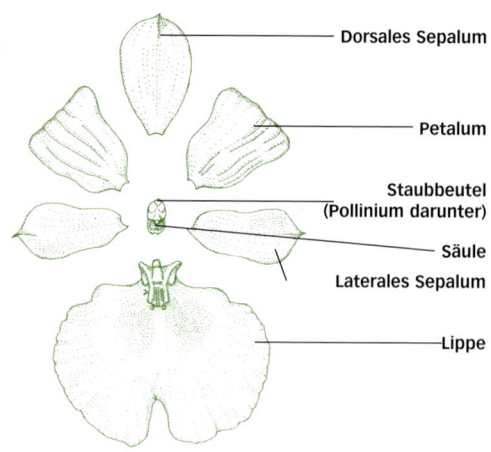

Dorsales Sepalum

Petalum

Staubbeutel
(Pollinium darunter)

Säule

Laterales Sepalum

Lippe

Miltoniopsis

Miltoniopsis-Orchideen werden volkstümlich auch Stiefmütterchen-Orchideen genannt, weil sie so große, flache Blüten mit kräftigen Mustern haben. Sie werden äußerst gern gehalten. Ursprünglich gehörten sie zur Gattung Odontoglossum, wurden dann als eine eigene Gattung, Miltonia, geführt und wurden in jüngster Zeit erneut ausgegliedert in die Gattung Miltoniopsis.

Ihre Heimat beschränkt sich auf die Wälder zu Füßen der kolumbianischen Anden. Die Anzahl der Arten – unter anderem M. roezlii, M. phalaenopsis und M. vexillaria – ist begrenzt. Diese drei genannten Arten haben einen großen Anteil an der Vielfalt an Farben und Formen, in denen Hybriden heute erhältlich sind. Die Miltoniopsis vexillaria findet man in vielen Farben, von reinem Weiß über Schattierungen in Pink bis zu sehr dunklem Violett. Sie blüht üppig mit sechs bis sieben Blüten aus einer Spitze. Die Miltoniopsis roezlii hat die gesprenkelten Blütenblätter an ihre Nachkommen vererbt, bildet aber nicht so viele Blüten. Und von der Miltoniopsis phalaenopsis mit ihrer gemusterten Lippe stammt der wie ein kleiner Wasserfall wirkende Effekt bei vielen wunderbaren Hybriden. Die einzelne Blüte riecht nicht sehr kräftig, aber ein Haus voller Miltoniopsis verströmt einen herrlichen Duft, ganz abgesehen von dem betörenden Anblick.

Die Miltoniopsis ist mit der Odontoglossum-Orchidee relativ eng verwandt. Deswegen werden beide Gattungen sehr häufig gekreuzt. Dabei greift man auf den älteren Namen Miltonia zurück und nennt die Hybriden Odontonia. In

Die einzelnen Bestandteile der Miltoniopsis-Blüte

RECHTS: Miltoniopsis Beall's Strawberry Joy. Die Intensität der kastanienfarbenen Maske wird durch die weiße Umrandung noch verstärkt.

Kulturen gedeihen diese Orchideen am besten unter ähnlichen Bedingungen wie Odontoglossum-Orchideen, allerdings vorzugsweise etwas wärmer. Die Nachttemperatur sollte 15 °C nicht unterschreiten, und zu grelles Licht – vor allem im Sommer – sollte vermieden werden.

Mit ihnen verwandt – und in früheren Klassifizierungen mit ihnen in einer Gattung zusammengefasst – ist die brasilianische Miltonia. Diese hartblättrigen Pflanzen gedeihen unter ähnlichen Bedingungen ebenfalls sehr gut.

Miltoniopsis phalaenopsis

Diese Orchidee darf nicht mit der Gattung Phalaenopsis verwechselt werden. Sie hat eine äußerst attraktive weiße Blüte mit einem kräftigen, dunkelroten „Wasserfall"-Muster auf der Lippe. Dieses Muster ist sehr begehrt, und alle Hybriden, die ein solches Muster zeigen, stammen von der Miltoniopsis phalaenopsis ab.

Die Hybriden sind etwas leichter zu halten als die ursprünglichen Arten. Aber wenn es Ihnen gelingt, dieses kleine Juwel glücklich zu machen, werden Sie im späten Frühjahr mit einer wunderbaren Blütenpracht belohnt.

Miltoniopsis roezlii

Nicht alle Arten der Miltoniopsis haben gro-ße Blüten. Tatsächlich sind die meisten kleiner als bei den Hybriden, die wir normalerweise zu Gesicht bekommen. Diese hier ist eine Miniaturorchidee, die nie mehrere Blüten gleichzeitig trägt. Dennoch ist sie sehr beeindruckend. Den frischen, weißen Blütenblättern und der vergrößerten, runden Lippe wird noch ein Glanzlicht in Form einer gelben Maske in der Mitte und zweier dunkelroter, seitlicher „Augen" aufgesetzt.

Die Orchidee Miltoniopsis roezlii war verantwortlich für das Weiß in ihrer Familie. Große, weiße Hybriden haben dieselben charakteristischen Zeichnungen. Wie alle Miltoniopsis-Orchideen mag es diese kleine weder zu feucht noch zu kalt noch zu sonnig.

Miltoniopsis vexillaria

Diese Orchidee ist ein typischer Vertreter der „Stiefmütterchen"-Arten und hat die größten Blüten aller aus Kolumbien stammenden Orchideen. Die Färbung variiert sehr stark und reicht von reinem Weiß über feine, blasse Pink-Schattierungen bis hin zu dunklem Rosa. Die dunkelsten dieser Orchideen fanden Eingang in die höchst beliebten, modernen kastanienfarbenen Hybriden.

Miltoniopsis vexillaria wird auch heute noch gern angebaut, auch wenn man die Hybriden öfter vorfindet. Mit ihren großen, eindrucksvollen und langlebigen Blüten wirkt diese Pflanze sehr gut für sich allein. Im Sommer kann ihr lieblicher Duft das ganze Haus einnehmen.

Miltoniopsis Beall's Strawberry Joy

Bei dieser Orchidee wird das feine Pink in der Mitte durch eine erstaunliche, dunkle Maske ergänzt. Das tiefe Kastanienbraun wird durch seine strahlend weiße Umrandung noch verstärkt. Diese Variante sowie andere eng verwandte Hybriden mit ähnlichen Farben haben sich als außerordentlich beliebt herausgestellt. Sie sind sehr tolerant gegenüber dem Klima im Haus. Sie lieben den Schatten und die Wärme moderner Wohnungen, und sie mögen hohe Luftfeuchtigkeit. Wenn Sie zusätzlich die Blätter regelmäßig besprühen und andere Orchideen oder Zimmerpflanzen in ihre Nähe stellen, werden sie es Ihnen mit besonders reichlicher Blüte danken.

Miltoniopsis Eureka

Die großen Blüten dieser weißen Hybride sind charakteristisch für die feinen Pastelltöne vieler Stiefmütterchen-Orchideen. Der Kontrast zwischen der weißen Blüte und der kräftigen, dunklen Zeichnung in der Mitte hebt sie von anderen Orchideen ab. Das Gelb im Zentrum ist das Signal für vorbeifliegende Insekten, dass sie hier eine süße Belohnung finden, wenn sie die Blüte besuchen. Dieses Lockmittel wird durch den süßen Duft der Blüte noch unterstützt – ein typisches Merkmal der Miltoniopsis-Varianten.

Miltoniopsis Jersey

Die tief purpurrote Farbe dieser märchenhaften Blüte ist weit entfernt von jener der pinkfarbenen Artgenossen. Jahrelange, sehr selektive Züchtungen brachten diese luxuriös wirkenden, dunklen Blüten von samtiger Beschaffenheit hervor. Die etwas blasseren Außenkanten und Masken verstärken die großartige Wirkung der Blüte, die überwiegend im Sommer aufgeht, wenn andere Orchideen wachsen und nicht blühen.

LINKS: Miltoniopsis Jersey. Diese Orchidee ist ein hervorragender Blickfang sowohl im Zimmer als auch im beheizten Gewächshaus.

Miltoniopsis Eureka

Miltoniopsis vexillaria

Die Odontoglossum–Allianz

Die Odontoglossum-Allianz ist eine riesige Gruppe von Orchideen, in deren Zentrum die Gattung Odontoglossum steht. Diese Pflanzen lassen sich bereitwillig mit vielen anderen, eng verwandten Gattungen kreuzen und bringen einige der komplexesten Hybriden aus dem Reich der Orchideen hervor. Manchmal gehen sieben oder acht verschiedene Gattungen in die Zucht einer Hybride ein, was in der Natur nie vorkommt. Oncidium- und Miltonia-Orchideen gehören zu den häufigsten Kreuzungspartnern. Jedoch werden diese unter ihren eigenen Namen klassifiziert, da sie selbst viele faszinierende Hybriden innerhalb ihrer eigenen Gruppen hervorbringen.

Die Gattung Odontoglossum und ihre Verwandten sind in Zentral- und Südamerika weit verbreitet. Sie wachsen überwiegend in großer, kühler Höhe: von den Anden über Panama bis nach Mexiko. Vor einiger Zeit wurden Änderungen in der Klassifizierung vorgenommen und viele Mitglieder dieser Familie in neue Gattungen ausgegliedert. So wurden zum Beispiel alle Odontoglossum-Orchideen, die aus Guatemala und Mexiko stammen, neu geschaffenen Gattungen wie Lemboglossum, Rossioglossum usw. zugeordnet. Zur Gattung Odontoglossum gehören jetzt nur noch Pflanzen aus den Anden, und zwar vor allem aus Kolumbien und Ecuador.

Das Gebiet, aus dem diese Orchideen stammen, ist kühler, wolkenverhangener Wald, der trotz seiner Nähe zum Äquator tagsüber nie zu heiß und nachts immer kühl ist. Daher gedeihen diese Orchideen in tropischen Ländern nicht gut. In Britannien verliebten sich die Züchter regelrecht in die Odontoglossum und nannten sie die Königin der Orchideen. Es gab Zeiten, da importierten sie 100 000 Pflanzen pro Jahr, von denen aber viele die lange Reise nicht überstanden oder später– mangels Verständnis – in überhitzten Gewächshäusern eingingen.

Odontoglossum crispum faszinierte die Züchter am meisten, da diese Orchidee in mehreren hundert Variationen vorkam, von Blüten in reinem Weiß, in Gelb mit kräftigen Tupfen, in Kastanienbraun usw. Diese Orchideen wuchsen in unerreichbaren Hochtälern, und so hatte sich jede Art in ihrer isolierten Umgebung eigenständig und allein weiterentwickelt.

So wie Odm. crispum waren auch Odm. pescatorei, Odm. hallii und Odm. triumphans zur Jahrhundertwende in unbegrenzter Zahl verfügbar. Das unmäßige Sammeln dieser Pflanzen führte fast zu ihrer Ausrottung in der Natur, und leider findet man heute nur noch wenige von ihnen in Orchideenkulturen.

● Die Hybriden

Der größte Bedarf besteht an Odontoglossum-Hybriden, die aus Kreuzungen mit Miltonia, Oncidium und Cochlioda hervorgegangen sind. Diese Orchideen besitzen nicht nur ein größeres Farb- und Formenspektrum. Sie sind auch robuster als ihre Ahnen. Wenn zwei Gattungen gekreuzt werden, zum Beispiel Odontoglossum und Cochlioda, dann wird der Name der neuen Pflanze aus den Namen der Eltern gebildet. In diesem Fall heißt die neue Orchidee Odontioda. Wenn eine solche Hybride mit einer anderen Gattung, etwa Miltonia, gekreuzt wird, dann wird die neue Orchidee nach dem Züchter benannt. In diesem Beispiel heißt der Züchter Charles Vuylsteke und die neue Hybride Vuylstekeara. So werden alle Hybriden, die von mehr als zwei Ursprungsgattungen abstammen, nach einer Person benannt.

RECHTS: Beallara Tahoma Glacier „Green"

● Kultivierung und Pflege

Eine kräftige, gesunde und reife Pflanze sollte über vier bis sechs Pseudobulben verfügen, von denen jede einen starken neuen Trieb besitzt. Jede Pseudobulbe trägt an ihrer Basis zwei und an ihrer Spitze ein oder zwei Blätter. Der Blütenstängel treibt entweder aus der Basis heraus oder seitlich aus der Bulbe.

Da diese Orchideen in ihrer ursprünglichen Heimat in einem ständig frühlingshaften Klima leben, sind bei ihnen jahreszeitliche Rhythmen des Wachsens und Blühens wenig ausgeprägt. Die meisten dieser Pflanzen haben tatsächlich einen 9-Monate-Zyklus, das heißt, sie blühen immer wieder zu anderen Jahreszeiten. So kann der Orchideenliebhaber bei geschickter Zusammenstellung seiner Odontoglossum-Sammlung das ganze Jahr über blühende Pflanzen haben.

Diese Orchideen gedeihen am besten in einem kühlen Gewächshaus, wobei jedoch die Nachttemperatur nicht unter 10 °C sinken darf. Ab dem zeitigen Frühjahr muss für Schutz vor direkter Sonneneinstrahlung gesorgt werden. Die Feuchtigkeit, auch im Boden des Gewächshauses, ist möglichst konstant zu halten. Feuchte, aber frische Luft schafft das Klima, das diese Orchideen lieben.

Beallara Tahoma Glacier „Green"

Dieser Hybride sieht man den Einfluss der eingekreuzten Gattung Brassia an. Ihre sternförmige Blüte ist für die Spider-Orchideen (engl. spider = Spinne) typisch. Die Pflanze ist relativ hitzeunempfindlich und gedeiht gut in warmen Zimmern. Aber auch in kühleren Häusern fühlt sie sich durchaus wohl. Die Temperatur sollte nicht unter 12 °C sinken, und sie sollte reichlich Licht bekommen.

Diese Variante ist mit ihren bis zu 10 cm großen Blüten besonders schön. Ein einzelner Blütenzweig trägt bis zu acht Blüten. Es ist nicht ungewöhnlich, wenn diese Orchideen mehrere Blütentriebe entwickeln. Sie können über viele Monate hinweg nacheinander immer wieder neue Blütenzweige produzieren.

Lemboglossum cervantesii

Diese Orchidee gehörte einst zur Gattung Odontoglossum, der sie von vielen Leuten immer noch zugerechnet wird. Sie wurde aber vor einiger Zeit in eine eigene Gruppe umgeordnet. Diese kleinwüchsige Art erreicht kaum 15 cm Höhe, aber ihre Blüten sind mit 5 cm Durchmesser vergleichsweise groß. In das Weiß der Blüten mischt sich manchmal ein Hauch von Pink. Die Blütenmitte bilden tiefrote Bänder. Die Pflanze stammt ursprünglich aus dem Hochgebirge Mexikos, weshalb sie für die „kühle" Sammlung unter begrenzten Raumverhältnissen ideal ist. Sie ist heute leider nicht mehr so weit verbreitet, aber es lohnt sich, nach ihr Ausschau zu halten.

Odontioda Garnet

Innerhalb der Odontoglossum-Allianz ist buchstäblich jede Farbe vertreten. Die rot blühenden Pflanzen gehörten zu den ersten, die gezüchtet wurden. Die Einkreuzung der Gattung Cochlioda – und speziell der Art Cda. noetzliana – revolutionierte die Züchtung dieser roten Orchideen. Heute gibt es viele Rot-Varianten, die alle sehr einfach zu halten sind. Ihre kräftigen Farben und ihre Unempfindlichkeit gegenüber hohen Temperaturen lassen sie zu einer der beliebtesten Orchideen für Anfänger werden.

Odontoglossum hallii

Diese Odontoglossum-Art stammt aus Ecuador, wo sie in großer Höhe und in einer relativ kühlen Klimazone lebt. Daher ist sie sehr gut für das kühle Gewächshaus geeignet, wenn die Temperatur nicht unter 10 °C sinkt. Die robuste Pflanze bildet blassgrüne Blätter und einen bogenförmigen Zweig mit großen, gelben, mit dunklem Schokoladenbraun gesprenkelten Blüten. Die im Sommer blühende Orchidee verbreitet einen kräftigen Duft, was unter den Odontoglossum-Arten sehr selten ist.

RECHTS: Odontoglossum hallii

Lemboglossum cervantesii

Odontioda Garnet

Odontoglossum hallii

Beliebte Pflanzen 99

Odontoglossum Geyser Gold

Diese leuchtend gefärbte Hybride mit ihren vollkommen gelben Blüten ist ungewöhnlich. Die dunkelgelben Flecken auf hellgelbem Untergrund ergeben ein wahrhaft eindrucksvolles Bild. Diese Färbung wurde durch das Einkreuzen einer seltenen, reingelben Variante der Art Odm. bictoniense erreicht.

Ausgereifte Pflanzen bilden hohe Spitzen mit bis zu zehn Blüten. Oft findet man an einer Pseudobulbe zwei Spitzen. Die Orchidee ist gegenüber kühleren Temperaturen wenig empfindlich und verträgt sich gut mit anderen Pflanzen, die Temperaturen um 10 °C aushalten.

Vuylstekeara Cambria „Plush" FCC/RHS

Dies ist die vielleicht bekannteste Hybride aus der Odontoglossum-Allianz, die im 20. Jahrhundert gezüchtet wurde und heute noch in großen Mengen produziert wird. Sie ging aus der Kreuzung der drei Gattungen Miltonia, Odontoglossum und Cochlioda hervor. Die dicken roten Blütenblätter stehen in herrlichem Kontrast zu der strahlend weißen, manchmal burgunderfarben getupften Lippe. Diese Orchideen blühen unterschiedlich stark, aber reife Pflanzen können zwei Mal jährlich einen hohen Blütenzweig mit bis zu 10 cm großen Blüten wachsen lassen.

Aufgrund ihrer Züchtung verträgt diese Hybride einen größeren Temperaturbereich und reagiert vor allem auf Hitze weniger empfindlich als andere Orchideen dieser Gruppe. Allerdings sollten die Temperaturen nachts deutlich absinken. Wenn sich auf den Blattspitzen schwarze Flecken zeigen, ist dies – wie so oft bei Hybriden – ein Zeichen für zu viel Licht.

RECHTS: Vuylstekeara Cambria „Plush" FCC/RHS

Odontoglossum Geyser

Die Oncidium-Allianz

Oncidium war ursprünglich eine riesige Gattung mit vielen eng verwandten Arten, wurde aber ebenfalls einer Neuklassifizierung unterzogen, durch die viele Arten ausgegliedert wurden. Nichtsdestoweniger bleiben diese Orchideen mit der einstigen Gruppe eng verwandt und werden zusammengefasst als Oncidium-Allianz bezeichnet.

Die Mitglieder dieser Allianz sind über ganz Südamerika verbreitet. Man findet sie auf Meereshöhe ebenso wie in den hoch gelegenen, wolkigen Regionen der Anden. Ihr nördliches Verbreitungsgebiet reicht bis nach Mexiko und bis zu den Westindischen Inseln. Da sie in allen Höhen anzutreffen sind, können sie überall auf der Welt kultiviert werden.

Oncidium cheirophorum

RECHTS: Oncidium Boissiense. Ihre kleinen goldgelben Blüten sind wunderschön anzuschauen und werden sehr häufig als Schnittblumen verwendet.

Diese Orchideen treten in sehr unterschiedlichen Formen auf: von robusten Pseudobulben an weit ausgebreiteten Rhizomen auf den Bäumen der Regenwälder bis hin zu sehr kleinen, zierlichen Pflanzen, die nur auf Zweigspitzen oder Blättern leben. Letztere werden Zweigepiphyten genannt. Sie sind von Natur aus kurzlebig, weil sie bei starkem Wind leicht von ihrem Wirtsbaum fallen. Sie vermehren sich sehr schnell, um das Überleben ihrer Art sicherzustellen.

Diese kleinen Arten gehören zu einer Gruppe, die unter dem Namen Equitant-Oncidium bekannt ist. Sie gedeihen am besten auf Korkrinde oder in winzigen Tontöpfen, bei hoher Luftfeuchtigkeit und in hellem Sonnenschein.

Bestimmte, Kühle liebende Oncidium-Orchideen aus Mexiko lassen sich gut mit Odontoglossum-Arten aus Südamerika kreuzen, was sehr schöne, farbenprächtige Odontocidium-Pflanzen ergibt.

Oncidium Boissiense

Dies ist nur eine von vielen beliebten „goldenen" Arten, die sich leicht halten lassen. Sie bringt an bis zu 60 cm langen Blütenzweigen hunderte von Blüten hervor. Diese typischen Vertreter der Gattung Oncidium sind äußerst vielseitig und gedeihen sowohl in einer kühlen als auch in einer warmen Umgebung prächtig. Sie brauchen aber ganzjährig viel Licht, vertragen allerdings keine direkte Sonneneinstrahlung.

Oncidium cheirophorum

Diese in Kolumbien beheimatete Orchidee passt wegen ihres Zwergwuchses in jede kühle Ecke im Haus. Sie wird nie größer als etwa 8 cm, und ihre winzigen Blüten sind nur 1 cm groß. Allerdings treibt eine Pseudobulbe oft mehrere Blütenzweige. Die Blüten erstrahlen ohne Zeichnung in hellstem Gelb. Sie verströmen einen für derart kleine Pflanzen enorm starken Duft. Die Hauptblütezeit liegt im Herbst, wenn die Pseudobulben ausgereift sind.

Oncidium maculatum

Oncidium maculatum

Dies ist eine kräftige, robuste Pflanze. Die leicht gerippten Pseudobulben tragen ein Paar dunkelgrüner Blätter. Die Blütenstängel treiben im Herbst und Winter. Der anmutige, bis zu 50 cm lange Stiel kann gebogen oder auch – in reifem Alter – verzweigt sein und trägt auf seiner gesamten Länge Blüten, die etwa 3 cm groß sind und stark duften. Die grünlichen Blütenblätter sind braun gefleckt, die kleine Lippe ist schwach cremefarben. Es ist eine Orchidee, die sich leicht kultivieren lässt, wenn sie kühl und im Sommer in schattigem Licht gehalten wird.

Oncidium ornithorhynchum

Wenn Sie ein kühles Gewächshaus oder eine schattige Fensterbank, aber wenig Platz haben, dann ist diese Orchidee genau das Richtige. Ihre Farbe ist Pink – ungewöhnlich für eine Oncidium. Sie ist sehr dekorativ und bringt überwiegend im Herbst viele Stiele mit zierlichen, kleinen Blüten hervor. Die lieblichen rosa Blüten verströmen einen sehr kräftigen und süßen Duft.

Für Anfänger ist diese Orchidee ideal: Sie ist leicht zu halten, blüht äußerst bereitwillig und behält ihre kompakte Form. Wenn die Pflanze gesund und kräftig heranreifen konnte, wird sie pro Pseudobulbe mehrere Blütenstängel hervorbringen.

Oncidium tigrinum var. unguiculatum

Viele der Oncidium-Arten sind gelb, und insbesondere diese ist ein typischer Vertreter. Ihre malerischen Blüten entspringen einem hohen, aufrechten Stängel, und die schokoladenbraun gefleckten Blütenblätter stehen in lebhaftem Kontrast zur großen, leuchtend goldgelben Lippe. Die Pflanze wird nicht allzu groß und lässt sich vom Hobbyzüchter gut beherrschen, wenn er sie im kühlen Orchideenhaus hält. Die Orchidee wurde immer wieder in vielen Oncidium-Züchtungen verwendet, wo sie ihre goldgelbe Farbe zu den Hybriden beisteuerte.

Oncidium ornithorhynchum

Oncidium Sharry Baby „Sweet Fragrance"

Dies ist eine der berühmtesten Oncidium-Hybriden. Bei ihrer Züchtung hat die Oncidium ornithorhynchum eine wesentliche Rolle gespielt: Von ihr stammen der charakteristische, starke Duft nach Schokolade und die intensive, kastanienbraune Färbung. Die vielen hohen, zweigartigen Blütenstängel benötigen einige Wochen, um ihre maximale Größe zu erreichen. Aber dann halten die zahlreichen Blüten einige Wochen, vor allem, wenn man die Pflanze ausreichend kühl hält.

Während der Vegetationsphase verträgt die Orchidee sowohl Kühle als auch mäßige Wärme. In den Wintermonaten sollte ein Minimum von 10 bis 12 °C eingehalten werden. Das Licht sollte in dieser Zeit ziemlich gut sein, damit im Folgejahr das Blühen angeregt wird. Die Pflanze neigt zu Flecken auf den Blättern.

Oncidium tigrinum var. unguiculatum

Oncidium Sharry Baby „Sweet Fragrance"

Paphiopedilum, Phragmipedium und Cypripedium

Es gibt drei Gattungen von Orchideen, die eigentlich gemeinsame Urahnen haben müssten, weil sie ähnlich aussehen und auch vieles gemeinsam haben. Aber sie haben sich bis heute verwandtschaftlich so weit voneinander entfernt, dass sie sich nie untereinander kreuzen lassen.

Cypripedium- und Paphiopedilum-Orchideen sind als Kulturpflanzen sehr beliebt, und wer sich die eine Gattung hält, besitzt auch die andere. Beide gedeihen unter den gleichen Bedingungen, obwohl sie aus ganz entgegengesetzten Teilen der Welt stammen. Die Cypripedium wird als Bindeglied zwischen den anderen beiden betrachtet und kommt fast überall auf der Welt vor, vom Polarkreis über den amerikanischen Kontinent, von Europa bis Asien. Sie gedeihen in extrem kalten Regionen, in denen die Wachstumsperioden sehr kurz und die Kälteperioden sehr lang sind. Die Paphiopedilum kommt in Südchina vor, ferner in Indien, Thailand, Indonesien und auf den vielen südasiatischen Inseln. Einige der spektakulärsten Arten stammen aus Borneo. Die Phragmipedium-Orchideen sind im zentralen Südamerika zu Hause. Einige ihrer schönsten Vertreter gehören zu den Hochgebirgspflanzen der Anden.

Allen drei Gattungen ist gemeinsam, dass sie ein kriechendes, jährlich wachsendes Rhizom und dicke, fleischige Blätter bilden. Der Blütenstängel wächst immer aus der Mitte des jüngsten Triebes und kann eine oder mehrere Blüten tragen. Die Blüten gehören zu den beeindruckendsten und herausragendsten im Reich der Orchideen. Die Lippe hat sich zu einem Beutel entwickelt, der die Insekten anlockt und einfängt, aber nur zur Bestäubung und nicht als Beute. Der Beutel, der wie ein Schuh aussieht, hat diesen Pflanzen den Sammelnamen „Schuh"-Orchideen eingebracht. Gebietsweise werden sie unterschiedlich manchmal als „Frauenschuh" oder – die kanadischen Arten – als Mokassin-Blumen bezeichnet.

- **Paphiopedilum**

Seit Beginn der Kultivierung von Orchideen war die Paphiopedilum eine interessante Pflanze. Besonders begehrt waren die kühl wachsenden Hochlandarten aus dem Himalaja, und zwar Paph. insigne, Paph. spicerianum, Paph. villosum und Paph. fairrieanum. Diese Orchideen wurden in riesigen Mengen für den Schnittblumenmarkt angebaut.

Der natürliche Standort dieser Arten reicht vom Felsvorsprung bis zum hohen Baumwipfel, wo große Gruppen als Epiphyten wachsen können. Die glänzenden, vielblütigen Arten aus Borneo wachsen zwar etwas langsam, aber wenn sie dann blühen, belohnen sie die lange Wartezeit. Dies gilt ganz besonders für die Paph. rothschildianum und die Paph. sanderianum.

Durch Kreuzen sind einige bemerkenswerte, neue Orchideen entstanden, und immer noch werden auch neue Arten entdeckt. In den letzten 20 Jahren ist kaum ein Jahr vergangen, ohne dass irgendeine neue Überraschung verwirklicht wurde. Viele der Neuentdeckungen kommen aus China, Nordvietnam und Laos, und die Züchter, die sich ihrer annehmen, versetzen die Orchideenwelt immer wieder in Entzücken.

- **Phragmipedium**

Die Phragmipedium-Orchideen aus dem zentralen Südamerika findet man entweder als epiphytische Pflanzen auf Bäumen oder auf Felsen über Flussufern. Die größte ist die Phrag. longi-

Paphiopedilum Chiquita

folium, deren Spitze eine Höhe von 1,5 Metern erreichen kann und die ständig blüht, aber nie mehr als zwei oder drei Blüten gleichzeitig an einem Stängel trägt. Wenn die alte Blüte abfällt, öffnet sich eine neue usw. Bei manchen Spitzen kann sich das zwei Jahre lang so fortsetzen. Eine große, ausgewachsene Pflanze treibt immer wieder neue Spitzen, sodass sie nie ohne Blüte ist.

In der viktorianischen Zeit experimentierte man in England viel mit Kreuzungen innerhalb dieser Gruppe und brachte einige interessante Hybriden hervor. Da aber die Anzahl der Arten und Farbskalen im Vergleich zur Gattung Paphiopedilum begrenzt ist, sind sie überwiegend blassgrün und braun und treiben allenfalls pinkfarbene Blüten. Das Interessanteste an ihnen sind ihre langen, dünnen Petalen, die wie Bänder auf beiden Seiten der Blüte herabhängen, was insbesondere bei der Phrag. caudatum sehr ausgeprägt ist.

In der Anfangszeit der Hybridisierung hatte man noch keine Ahnung von Genetik, und so waren die Hybriden unfruchtbar, und man stellte diese Züchtungen ein. Erst in den letzten zwei Jahrzehnten des 20. Jahrhunderts erwachte das Interesse an diesen Orchideen neu, und zwar aus zwei Gründen: Zum einen entdeckte man hoch oben in den Anden eine neue Art, genannt Phrag. besseae, die leuchtend rote Blüten hervorbringt, was man von dieser Gattung nie erwartet hätte. Zum anderen hatte man ein besseres Verständnis der Genetik. Man war jetzt in der Lage, die früher „nicht zuchtfähigen" Pflanzen zu verwenden. Das Ergebnis ist eine völlig neue Palette an Größen, Formen und Farben, die aus Kreuzungen mit der Phrag. besseae entstanden ist.

- ● **Pflege und Kultivierung**

Cypripedium-Orchideen wachsen außerordentlich langsam. Als Pflanzen, die in der Kälte leben, sollten sie unter Glas in einem kühlen Gewächshaus bei gerade noch frostfreien Temperaturen gehalten werden. Wenn sie in Staudenrabatten kultiviert werden, können sie mit

der Zeit große Kolonien bilden. Paphiopedilum- und Phragmipedium-Orchideen gedeihen unter ziemlich gleichen Bedingungen, wobei eine Mindesttemperatur von 15 °C in der kältesten Winternacht nicht unterschritten werden sollte. Die Pflanzen müssen immer vor direkter Sonne geschützt und das ganze Jahr über gleichmäßig feucht gehalten werden. Die Paphiopedilum wächst gern auf Rinden- oder Rinden-Torf-Substrat, während die Phragmipedium offenkundig auf Steinwolle besonders gut gedeiht.

Paphiopedilum chamberlainianum

Diese die Wärme liebende Paphiopedilum bevorzugt Wintertemperaturen von mindestens 15 °C. Sie gehört zu einer kleinen Gruppe von Arten, die kontinuierlich blühen. Der Blütenstängel produziert zunächst eine einzelne Blüte, und wenn diese zu verblühen beginnt, öffnet sich weiter oben am Stängel die nächste Knospe. Dies setzt sich über viele Monate fort, sodass im Laufe eines Jahres etwa acht Blüten hervorgebracht werden. Die individuelle Blüte ist sehr sehenswert. Die Beutellippe leuchtet in Magenta-Pink und wird seitlich von dunklen, grünbraunen Petalen eingerahmt. Das dorsale Sepalum zeigt kräftige, purpurne Streifen auf einem weißen und grünen Hintergrund. Die Pflanze ich nicht überall erhältlich, aber sie lässt sich im Zimmer oder im warmen Gewächshaus gut halten.

Paphiopedilum insigne

Diese Schuh-Orchidee ist ein Vertreter der Kühle liebenden Paphiopedilum-Arten, die sich in einem kühlen Gewächshaus neben Orchideen wie Cymbidium und Pleione sehr heimisch fühlen. Seit der viktorianischen Zeit hält man sie traditionell in Töpfen. Sie blüht im Winter viele Wochen mit ihren schönen, kupferfarbenen Blüten. Die Blüten treten zwar einzeln hervor, aber die große Blühwilligkeit ausgereifter Pflanzen kann Ihnen ein wunderbares Schauspiel bieten. Diese Orchideenart wurde wegen ihrer lang anhaltenden Blüte intensiv für den Schnittblumenmarkt angebaut. Eine kühle und schattige

Paphiopedilum insigne

Umgebung mit hoher Luftfeuchtigkeit ist genau das Richtige.

Paphiopedilum Helvetia

Es gibt viele primäre Hybriden, die erstmals vor über 100 Jahren gekreuzt wurden und heute noch kultiviert werden: Paph. Helvetia ist eine Kreuzung aus Paph. philippinense und Paph. chamberlainianum. Sie entwickelt mehrere Blüten, die alle gleichzeitig blühen, ein Merkmal, das sie von Paph. philippinense geerbt hat. Ihr Pinkton auf der gelben Blüte stammt vom anderen Elternteil. An der Stielspitze treibt sie einige weitere Knospen, deren Blüten die Blütezeit noch weiter verlängern. Wie viele dieser Orchideen bleiben die Pflanzen kompakt und brauchen im warmen Gewächshaus nicht allzu viel Platz. Sie sind dankbar, wenn um sie herum andere, größere Orchideen ihnen Schatten spenden.

Paphiopedilum spicerianum

Dies ist eine weitere kühl wachsende Paphiopedilum. Alle Mitglieder dieser Gruppe haben glatte grüne Blätter, während die Wärme liebenden Arten stark gemusterte oder gesprenkelte Blätter tragen. Die Pflanze wächst leicht zu einem ordentlichen Büschel Blätter heran, und mit zunehmender Größe steigt auch die Anzahl der Blüten. Diese werden optisch von dem weißen dorsalen Petalum beherrscht, das zum Zentrum hin dramatische dunkelpurpurne Streifen aufweist. Ansonsten ist die Blüte braungrün. Die seitlichen Petalen sind an den Rändern stark gewellt und weisen ebenfalls purpurne Streifen auf. Diese Art blüht auch im Herbst und im Winter und liebt die Gesellschaft der Paph. insigne.

Paphiopedilum Helvetia

Paphiopedilum spicerianum

Paphiopedilum Labaudynanum

Paphiopedilum Labaudynanum

Dies ist eine sehr alte primäre Hybride, die aus einer Kreuzung der Paph. haynaldianum mit einer Paph. philippinense hervorgegangen ist. Sie ist heute noch sehr gefragt, allerdings nicht überall erhältlich. Die Orchidee wächst zu einer ziemlich großen Pflanze mit vielen langen, glatten, grünen Blättern heran. Die Blütenknospen brechen nicht sukzessive auf, sondern öffnen sich alle etwa zur gleichen Zeit und bringen jeweils mehrere Blüten hervor.

Paphiopedilum Maudiae

Diese grün-weiße Variante ist eine der mächtigsten Paphiopedilum-Hybriden. Die reine, etwas transparente Färbung – in Kombination mit dem bestechenden grün-weiß gestreiften dorsalen Sepalum – ist einzigartig. Es ist eine stets beliebte Pflanze. Die einzelne Blüte kann bei einigen verwandten Hybriden ziemlich groß – bis zu 10 cm – werden. Dabei wird der Stiel etwa 30 cm hoch. Die Blüten halten sehr lange und sind als Schnittblumen sehr gut geeignet.

Ein weiteres Merkmal sind die stark gesprenkelten Blätter: Auf einem blassgrünen Hintergrund erscheinen dunkelgrüne Muster und Flecken. Das heißt, die Pflanzen sind auch dann ein attraktiver Anblick, wenn sie nicht blühen. Alle Paphiopedilum-Orchideen mit gemusterten oder gesprenkelten Blättern sollten immer warm gehalten werden.

Phragmipedium besseae

Diese Art ist in der Welt der Orchideen relativ neu. Sie hat die Tür geöffnet zu einer ganzen Palette neuer Farben und neuer Möglichkeiten für Kreuzungen innerhalb dieser Orchideengruppe. Die Pflanze wurde erst kürzlich in Peru und in Ecuador entdeckt. Ihre leuchtend rote Farbe ist ein großer Gewinn für die Orchideenzucht. Die verschiedenen Schattierungen von Rot und Orange in ihren neu gezüchteten Hybriden wecken die Aufmerksamkeit der Liebhaber in aller Welt. Es ist immer eine Herausforderung, eine neue Art zu kultivieren. Aber die Hybriden erweisen sich als vermehrungsfreudig und schnellwüchsig und gedeihen sehr gut in einer warmen, feuchten und schattigen Lage neben Paphiopedilum- und Phalaenopsis-Orchideen. Wie bei allen Pflanze der Gattung Phragmipedium gehen die einzelnen Blüten nacheinander auf und halten dann für viele Wochen. Wenn eine Blüte abfällt, öffnet sich die nächste Knospe.

Phragmipedium longifolium

Diese Pflanze gehört zu den Erdorchideen. Da sie nicht Gefahr läuft, von einem Wirtsbaum zu fallen, ist ihre artspezifische Größe nicht so kritisch. Die Phrag. longifolium ist groß und braucht Raum zum Wachsen. Sie hat sehr lange und dicke Blätter, die so lange in die Höhe wachsen, bis sie durch ihr Eigengewicht nach unten gebogen werden. Der Blütenstängel ist noch größer und kann ohne weiteres eine Höhe von zwei Metern erreichen. Sie wächst kontinuierlich weiter und erzeugt am oberen Ende immer mehr Blütenknospen. Manchmal verzweigt sie sogar. Die einzelnen Blüten sind nicht sehr langlebig. Aber durch die ständig neu entstehenden Blüten kann die gesamte Blühdauer ohne weiteres mehr als 18 Monate betragen. Wenn Sie ausreichend Platz und Wärme für diese Orchidee haben, ist sie es wert, gepflegt zu werden.

Phragmipedium pearcei

Während einige Phragmipedium-Orchideen sehr groß werden können, ist dies eine kleinwüchsige Art. Der Blütenstängel erreicht nur eine Höhe von etwa 10 bis 15 cm und erhebt sich nur wenig über die dünnen, dunkelgrünen Blätter der Pflanze. Die Grundfarbe der Blüten ist ein Blassgrün, das von dunkleren Streifen überlagert ist. Zu beiden Seiten hängen die langen, verdrehten Petalen herab. Die Pflanze bildet zwischen den Trieben ein längliches, kriechendes Rhizom, das den Topf schnell ausfüllt. So entsteht leicht ein Pflanzenbüschel, das eine Reihe von gleichzeitig auftretenden Blütenstängeln erzeugt.

Paphiopedilum Maudiae

Phragmipedium longifolium

Phragmipedium pearcei

Phragmipedium Hanne Popow

Dies ist eine relativ neue Phragmipedium-Hybride, die von der pinkfarbenen Art Phrag. schlimii abstammt. Sie ist beliebt, weil sie ein anderes Farbspektrum in die Familie einbringt. Das feine Rosa der Petalen und Sepalen harmoniert gut mit dem dunkleren Pink der runden Beutellippe.

Phragmipedium Longueville

Diese Orchidee gehört zu der neuen Generation von Phragmipedium-besseae-Hybriden und zeigt wunderbare Pink- und Orange-Schattierungen. Die Pflanze ist robuster als die Phrag. besseae. Die Blüten leben mehrere Wochen, bis sie abfallen, und dann gehen viele weitere Blüten aus dem Stiel hervor.

Phragmipedium Hanne Popow

Phragmipedium Sorcerer's Apprentice

Dies ist ein Abkömmling der Phragmipedium longifolium und kann ebenfalls eine große Pflanze werden, allerdings nicht so groß wie jene. Um die Beutellippe herum zeigt die Blüte Töne von Kupfer, während die gesprenkelte Innenseite grün ist. Die grünen Petalen und Sepalen sind pinkfarben umranded. Wie ihr Elternteil besitzt die Pflanze die Fähigkeit, am Blütenstängel mehrere Knospen zu bilden, sodass mehrere Monate der Blüte gewährleistet sind. Auch diese Orchidee muss warm, schattig und feucht gehalten werden. Eine Besonderheit ist, dass die Blüten keinerlei Anzeichen von Verfall zeigen, sondern einfach vom Stiel fallen, wenn ihre Zeit abgelaufen ist. Sie sind bis zu ihrem Ende in perfekter Verfassung.

Phragmipedium Longueville

Phragmipedium Sorcerer's Apprentice

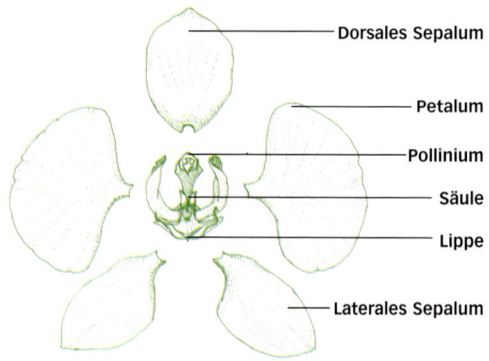

Dorsales Sepalum

Petalum

Pollinium

Säule

Lippe

Laterales Sepalum

Die einzelnen Bestandteile der Phalaenopsis-Blüte

Phalaenopsis

Mehr als jede andere Gattung hat heute die Phalaenopsis Verbreitung gefunden. Ihre gewaltig angestiegene Beliebtheit verdankt sie dem Interesse an Orchideen als Zimmerpflanzen. Ihre lang anhaltenden Qualitäten und ihre Bereitschaft, in Häusern mit Zentralheizung zu gedeihen, machen sie zur idealen Pflanze.

Die Gattung ist im tropischen Südostasien beheimatet, wobei die wichtigsten Arten auf den Philippinen, auf Borneo und auf der Malaiischen Halbinsel vorkommen. Einige Arten findet man auch im weiter entfernten Burma und in Indien. Diese tropischen Tieflandorchideen wachsen als Epiphyten unter feuchtwarmen Bedingungen in einem Klima, das keine oder nur kurze Trockenperioden kennt. Daher wachsen sie ohne Ruhezeit und blühen ständig.

Die Pflanzen sind monopodial: Die Wurzel, die an der Basis der Pflanze austritt, erstreckt sich weit über den Wirtsbaum und dient der Pflanze, die sich meistens vom Baum herabhängen lässt, als Anker. Die Blütenstängel, deren Blüten viele Wochen überdauern, treiben zwischen den Blättern seitlich aus dem Stiel und können – hängend – manchmal bis zu einem Meter lang werden.

Viele Arten weisen ein tief gemustertes Blattwerk auf, was sie besonders begehrenswert macht. Diese Eigenschaft wurde jedoch von den Züchtern vernachlässigt, sodass die meisten handelsüblichen Pflanzen glatte Blätter haben. Die Blüten der verschiedenen Arten variieren erheblich. Die Phal. equestris treibt stets kleine, blass pinkfarbene Blüten, während die

Phal. violacea immer nur eine Blüte trägt. Erstaunlich ist die große, blendend weiße Phal. amabilis. Mit ihr sind andere weiße Orchideen wie zum Beispiel die Phal. stuartiana verwandt. Es gibt auch Arten in verschiedenen Pink-Färbungen: Phal. schilleriana und Phal. sanderiana.

In der Vergangenheit war die Züchtung mit diesen Arten nicht sehr verbreitet. Aber gegen Ende der 1970er-Jahre stieg das Interesse an Zimmerorchideen, und die Phalaenopsis erwies sich als tauglich für Häuser mit Zentralheizung.

● Pflege und Kultivierung

Die Pflanze ist sehr empfindlich gegenüber Temperaturen unter 18 °C und gegenüber sehr hohen Temperaturen. So kann der zentral geheizte Raum mit mäßigem Licht ideale Bedingungen für die Phalaenopsis bieten, vorausgesetzt, sie wird regelmäßig gewässert und gedüngt. Dann dankt sie es mit einer fast permanenten Blütenpracht.

Der Standort im Haus ist sehr wichtig. Auf einer hellen, sonnigen Fensterbank, dicht an der Glasscheibe, könnte die Sonnenhitze der Pflanze schweren Schaden zufügen. Umgekehrt bekommt die Orchidee in der dunkelsten Ecke des Zimmers zu wenig Licht. Ein gut beleuchteter Standort, vielleicht mit einem sehr feinen Vorhang zwischen Fensterscheibe und Pflanze, liefert genau so viel Tageslicht, wie die Orchidee braucht, um zum Blühen angeregt zu werden.

Die Feuchtigkeit sollte das ganze Jahr über auf gleichem Niveau gehalten werden. Als epiphytische Pflanze dürfen die Wurzeln der Phalaenopsis nicht ständig im Wasser stehen. Die wöchentliche Gabe einer geringen Menge Dünger – mit dem Gießwasser von oben in den Topf – genügt, um die Pflanze gesund und kräftig zu halten.

Zwischen der Basis des Blütenstängels und der ersten Blüte sitzen am Stiel mehrere Augen, im Allgemeinen drei oder vier. Wenn die Orchidee zu blühen aufgehört hat, kann man den Stiel auf eines dieser Augen zurückschneiden. Wählen Sie das kräftigste Auge aus, und schneiden Sie den Stiel etwa 1 cm darüber ab. In neun von zehn Fällen wird dieses Auge aufbrechen und innerhalb weniger Monate neue Blüten hervorbringen. Die Chancen auf einen neuen Blütenstängel schwinden jedoch, wenn die Blüten abgefallen sind und der Stiel bereits abzusterben beginnt. Auf keinen Fall aber schaden Sie der Pflanze, wenn Sie den alten Blütenstängel an der Basis zur Pflanze abschneiden. Die Orchidee wird sehr bald auf der gegenüberliegenden Seite eine neue Blütenspitze treiben.

In seltenen Fällen werden Sie Schwierigkeiten haben, Ihre Phalaenopsis auf diese Weise zum Blühen zu bringen. Wenn es doch einmal vorkommt, obwohl die Pflanze kräftig ist, gut wächst und neue Wurzeln bildet, dann sollten Sie die Orchidee entweder an einen helleren oder an einen kühleren Standort bringen. Jedes Zimmer stellt ein eigenes Mikroklima dar, und schon eine kleine Änderung kann das Blühen anregen.

● Hybriden

Aus einer Hand voll von Orchideenarten, über die eben schon gesprochen wurde, leiten sich viele Formen und ein Regenbogen voller Farben ab. Es sind Pflanzen in Gelb, Rot, Weiß, Pink und Purpur verfügbar, gemusterte Blüten in verschiedenen Größen, einzeln blühend oder an verzweigten Stängeln. Als monopodiale Orchidee ist die Phalaenopsis mit vielen anderen Gattungen eng verwandt und sollte sich theoretisch

Die berühmte Phalaenopsis amabilis ist einer der Vorfahren vieler moderner weißer Hybriden.

leicht mit ihnen kreuzen. Häufigster Kreuzungspartner ist jedoch die Gattung Doritis von der Malaiischen Halbinsel, und zwar Dor. pulcherrima. Durch sie entstand eine viel dunklere Blüte mit verschiedenen Schattierungen.

Wenn der Züchter erst einmal neue Farben und Formen geschaffen hat, vermehrt er die Pflanzen durch Gewebekulturen, indem er ein Auge aus einem Blütenstängel verwendet.

Phalaenopsis amabilis

Wie viele der anderen Phalaenopsis-Arten gedeiht diese leicht in Kulturen, sei es im Gewächshaus oder zu Hause im Zimmer, wo sie die Wärme und den Schutz vor direktem Sonnenlicht liebt. Ihre großen, hellweißen Blüten wurden ausgiebig zur immer weiter verbesserten Züchtung der beliebten großen, weißen Hybriden verwendet. Aber trotz aller heute verfügbaren Hybriden ist diese Art immer noch sehr beliebt, weil sie kompakt ist und sehr freigiebig blüht.

Phalaenopsis equestris

Phalaenopsis equestris

Phal. equestris ist die wohl kleinste Phalaenopsis-Art, und das trägt zu ihrem Charme bei. Diese Orchidee stammt von den Philippinen. Ihre mit Rosa und Pink getönten weißen Blüten messen nicht mehr als 3 cm im Durchmesser. Der verzweigende Blütenstängel trägt viele Blüten gleichzeitig. Und immerfort werden neue Knospen gebildet, sodass die Blütezeit viele Monate beträgt. Der kompakte Blütenstängel hebt sich gegen die typisch dunklen und glänzenden Blätter wunderschön ab. Dank der geringen Größe dieser lieblichen Orchidee werden heute viele neue Miniaturhybriden produziert.

Phalaenopsis schilleriana

Wie schon erwähnt, gibt es nur wenige Arten, die sowohl attraktiv gemusterte Blätter als auch schöne, feine Blüten haben. Die Phal. schilleriana ist eine solche. Die tiefgrünen Blätter sind silbergrau gemustert. Tatsächlich ist es aber nicht das erstaunliche Blattmuster, sondern der feine Hauch von Lila und Pink auf den Blüten, der diese Orchidee für die Zucht auswählen ließ. Vielleicht werden Sie gelegentlich eine Hybride mit dem wieder erkennbaren Blattmuster entdecken, die auf ihre Ahnenpflanze verweist. Diese Art von den Philippinen gedeiht gut neben modernen Hybriden, benötigt dieselben Wärme- und Lichtverhältnisse und kann relativ einfach als Zimmerpflanze gehalten werden. Eine exakte Blüteperiode gibt es nicht. Die viele Wochen lebenden Blüten können zu jeder Zeit aufgehen.

Phalaenopsis Bel Croute   RECHTS: Phalaenopsis schilleriana

Phalaenopsis Bel Croute

In den letzten Jahren entstand eine lange Reihe äußerst beliebter Züchtungen, die auf die Phal. equestris zurückgehen. Diese bezaubernde kleine Orchidee mit ihrer Unmenge von Blüten hat sich als hervorragende Basis für kompakte, blühwillige Pflanzen erwiesen. Phal. Bel Croute ist eine davon. Ihre Blüten sind nur etwa 3 cm groß, strahlen aber in sattem Purpur. Die Blütenstängel dieser Pflanze verzweigen, sodass die Phal. Bel Croute noch mehr Blüten als sonst produziert.

Phalaenopsis Cool Breeze

Es gibt heute viele Varianten, die als Zimmerpflanzen bestens geeignet sind, und die weißen Hybriden stellen dabei keine Ausnahme dar. Sie wurden ursprünglich von der Art Phal. amabilis abgeleitet und haben sich als sehr tolerant und blühwillig herausgestellt. Bei ausreichender Wärme und gutem Licht können die großen Blüten viele Wochen ihr perfektes Aussehen bewahren. Um häufiges, wiederholtes Blühen anzuregen, schneiden Sie den Blütenstängel oberhalb des nächsten Auges ab.

Phalaenopsis venosa x violacea

Um diese sehr leuchtend gefärbte Neuzüchtung zu schaffen, wurden zwei Miniaturorchideen der Phalaenopsis-Gattung gekreuzt. Die Blüten stehen dicht am Blattwerk. Es sind zwar immer nur wenige gleichzeitig, aber sie blühen lange, und es werden nacheinander immer neue Knospen gebildet. Ein Elternteil, die Phal. violacea, ist wohlriechend, und diese Eigenschaft kommt auch bei ihren Hybriden zum Vorschein.

Phalaenopsis Penang Girl

RECHTS: Phalaenopsis Cool Breeze

Pleione

Die Gattung der Pleione umfasst relativ wenige Mitglieder, die überwiegend in Nordindien und China vorkommen. Sie wachsen entweder als terrestrische Orchideen oder als Lithophyten auf Felsen oder als Epiphyten auf Bäumen. In Wuchs und Gestalt unterscheiden sie sich von anderen Orchideen. Die Pflanze produziert pro Saison eine Pseudobulbe, wobei die Pseudobulbe des Vorjahres sofort abstirbt. Mit dem Ende des jährlichen Wachstums treibt die Pseudobulbe an ihrer Spitze ein einzelnes Blatt.

● Pflege und Kultivierung

Bei den kultivierten Varianten fällt die Vegetationsperiode in den Sommer, während die Pflanze im Winter ruht. Ausnahmen bilden die Pln. maculata und die Pln. praecox, die im Herbst blühen. Sie wachsen langsam vom Winter bis in den späten Frühling und legen im Sommer eine kurze Ruhe ein. Fast alle Arten und Hybriden benötigen kühles Klima, das heißt, kühle Gewächshäuser, deren Nachttemperaturen im Winter knapp über dem Gefrierpunkt liegen. Halten Sie die Pflanzen in dieser Zeit vollkommen trocken. Das schadet den Pseudobulben nicht.

Das Umtopfen erfolgt in der Regel jährlich, sobald die ersten neuen Triebe sichtbar werden. Das Substrat darf niemals trocken werden. Im heißen Sommer sollte sogar täglich gewässert und regelmäßig gedüngt werden.

Die Blüten sind im Vergleich zur Pseudobulbe relativ groß, und ihre Farbpalette reicht von Weiß über Malve und blasses Lila bis zu satten Gelbtönen. Keine Pleione-Blüte hält sehr lange, jedoch kann ein kühler Standort das Leben der Blüte – und auch die Blütezeit insgesamt – verlängern.

Pleione formosana

Pleione formosana

Dies ist die am leichtesten zu kultivierende und zu vermehrende dieser Arten und wird daher häufig als „Anfänger-Orchidee" gewählt. Die runden Pseudobulben sind purpurfarben getönt und spiegeln die Lavendel-Purpur-Farbe der Blüten wider.

Pleione formosana var. alba

Dies ist die einzige reinweiße Pleione, die verbreitet kultiviert wird. Sie zeigt nur einen Hauch von Gelb im Blütenhals und ist ein idealer Begleiter der pinkfarbenen Arten.

Pleione maculata

Dies ist die eine der beiden Arten, die im Herbst blühen. Die Blüten sind groß und weiß. Die behaarte Lippe ist dunkelrot gefleckt. Bezüglich der Pflege entsprechen sie den im Frühling blühenden Pleione-Arten, außer dass natürlich das Gießen auf ihren spezifischen Rhythmus einzurichten ist.

Pleione maculata

Pleione Piton

Diese Hybride hat ungewöhnlicherweise einen langen Blütenstängel, der die Blüte in etwa 10 cm Höhe hält. Die Blüten sind auch größer – um 6 cm im Durchmesser – und treten in einem sanften Lila auf. Die blasse Lippe ist dunkel-purpurfarben gefleckt. Es ist eine wirklich außergewöhnliche Pleione.

Pleione Shantung

Die Pleione Shantung hat cremegelbe Blütenblätter mit unterschiedlich intensiven pfirsichfarbenen Streifen. Die Lippe ist weiß und mit roten Flecken übersät. Diese willig blühende Art ist weit verbreitet und überall erhältlich.

Pleione Versailles

Diese besonders farbenprächtige Hybride hat eine kräftig gemusterte Lippe. Sie lässt sich sehr gut halten und vermehrt sich im Laufe der Jahre selbst.

Pleione formosana var. alba

Pleione Piton

Pleione Shantung „Ridgeway" AM/RHS

Pleione Versailles

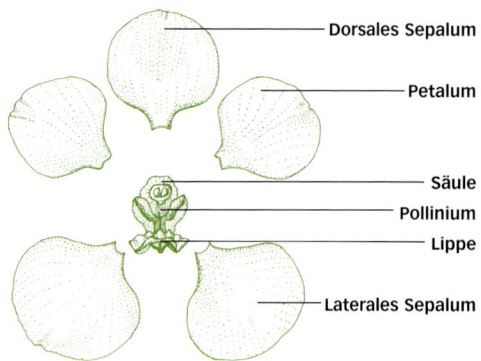

Dorsales Sepalum

Petalum

Säule
Pollinium
Lippe

Laterales Sepalum

Die einzelnen Bestandteile der Vanda-Blüte

Die Vanda-Allianz

Die Orchideen der Gattung Vanda findet man im gesamten tropischen Raum Südostasiens. Es sind monopodiale Pflanzen mit einem einzelnen aufrechten Stängel, aus dem die Blätter abwechselnd hervortreten. Die neuen Blätter treiben immer an der Spitze, sodass das Blattwerk etagenförmig aufgebaut wird. Die dicken Blätter sind je nach Art weich und fleischig bis sehr hart. Der Blütenstängel tritt seitlich aus der Blattachsel zwischen den Blättern aus. Die Wurzeln treten aus der Basis der Pflanze aus und breiten sich in alle Richtungen aus. In ihrer Heimat sind es epiphytische Pflanzen, die ihre Wirtsbäume durchwandern.

Mit der Vanda-Allianz sind viele andere Orchideen eng verwandt, einschließlich der immer beliebten Phalaenopsis, mit der sich die Vanda kreuzen lässt. Die Abkömmlinge hieraus werden Vandanopsis genannt. Einige dieser Kreuzungen können zwar sehr ansprechend sein, aber große Anstrengungen wurden diesbezüglich nicht unternommen. Vanda-Orchideen werden häufiger mit engeren Verwandten wie Aerides, Rhynchostylis und Ascocentrum gekreuzt. Diese Züchtungen ergeben eine riesige Anzahl komplexer Hybriden in vielen Formen und Farben. Diese Pflanzen fühlen sich eher in tropischen Regionen heimisch, zum Beispiel in Thailand, Singapur, auf den Westindischen Inseln oder auf der Malaiischen Halbinsel. Dort werden sie intensiv als Gartenpflanzen verwendet, entweder in schattigen Häusern gehalten oder auf großen Bäumen angesiedelt. Unter diesen Bedingungen gedeihen sie prächtig und blühen fast ständig.

Einige Arten wachsen und blühen so üppig, dass sie in großen Mengen als Schnittblumen in alle Welt versandt werden. In ihrer heimatlichen Umgebung leben die Vanda-Orchideen überwiegend als Epiphyten in den oberen Regionen der Regenwälder. Während der langen Trockenperiode holen sie sich die notwendige Flüssigkeit aus ihren dicken Blättern und aus dem verzweigten Wurzelsystem.

● **Pflege und Kultur**

Als kultivierte Pflanzen lieben es die Vanda-Orchideen, in kleinen, hängenden Holzkästen – vor starker Sonne geschützt – untergebracht zu werden. Ihre langen Luftwurzeln, die aus dem Korb hängen, wollen täglich besprüht und gedüngt werden. Lange Reihen hängender und blühender Vanda-Orchideen sind ein Anblick, den man nicht so leicht vergisst. In kühlerem Klima können sie erfolgreich im Gewächshaus gehalten werden. Auch dort sollten Sie diese Orchideen in hängenden Holzkästen ohne Substrat leben lassen. Sie müssen nur die Wurzeln durch Besprühen ständig feucht halten. Keine andere Orchidee ist wie diese eine wahre „Luftpflanze". Anders als ihre Phalaenopsis-Cousinen ist die Vanda-Orchidee als Zimmerpflanze weniger geeignet. Die Phalaenopsis gedeiht im warmen, trockenen Klima zentral beheizter Häuser. Die Vanda braucht dagegen mehr Luftfeuchtigkeit und Licht. In unserem Klima kann man sie nur im Gewächshaus erfolgreich halten.

● Hybriden

Die beliebtesten Pflanzen sind jene, die von der Vanda coerulea abstammen. Diese stammt aus dem Hochland des Himalaja, wächst auf immergrünen Eichen und ist manchmal Temperaturen in der Nähe des Gefrierpunkts ausgesetzt. Sie wird wegen ihrer blassblauen Blüten hoch geschätzt. Die dunkelsten Arten kommen aus dem Norden Thailands und aus Burma. In ihrer Heimat sind sie streng geschützt, sodass nur Nachzüchtungen erhältlich sind. Mit einer Tiefland-Vanda – zum Beispiel Vanda sanderiana – gekreuzt, entsteht eine Orchidee mit einem üppigen blauen Mosaikmuster namens Vanda Rothschildiana, die sowohl tiefe als auch hohe Temperaturen verträgt. In den kühleren Teilen der Welt ist sie die beliebteste Variante. Sie blüht häufig zwei Mal jährlich, und das viele Monate lang.

● Entferntere Verwandte

Jenseits des Indischen Ozeans, in Afrika, leben entfernte Verwandte, die unter dem Gattungsnamen Angraecum zusammengefasst werden. Diese afrikanische Familie entspricht in jeder Hinsicht den Vanda-Orchideen, jedoch sind die Blüten gänzlich anders: Sie sind groß und weiß und haben auf der Blütenrückseite lange Sporen. Diese Orchideen lassen sich fast nur innerhalb ihrer eigenen Gattung kreuzen, aber kaum mit Vanda-Orchideen. Einige der beeindruckendsten dieser Pflanzen kommen auf Madagaskar vor, wo sie über Jahrtausende vom afrikanischen Festland abgeschnitten waren und sich allein weiterentwickelt haben.

Ascocenda Thai Joy

Die Vanda-Allianz bietet mittlerweile eine große Menge aufregender Farben, und dies ist zum Teil auf die Einkreuzung der verwandten Gattung Ascocentrum zurückzuführen. Die gezüchteten Hybriden weisen zwar meistens kleinere Blüten auf. Aber diese sind wesentlich zahlreicher und bieten strahlendere Farben in Pink-, Gelb- und Orangetönen. Bezüglich Wärme, Licht und Luftfeuchtigkeit stellen sie dieselben

Ascocenda Crownfox Sunshine

Ascocenda Thai Joy

Ansprüche wie die Vanda, und wenn sie gut gedeihen, blühen sie oft zwei Mal im Jahr.

Ascocenda Crownfox Sunshine

Das unglaublich feine und schöne blasse Zitronengelb dieser Hybride sieht man jetzt öfter, nachdem durch Züchtung eine komplett neue Farbpalette in der Vanda-Allianz entstanden ist. Gutes Licht ist die Voraussetzung für eine reichliche Blüte. Der beste Standort ist daher ein Holzkorb direkt unter dem Dach des Gewächshauses.

Vanda coerulea

Diese Orchidee ist zwar tatsächlich eher lila, wurde aber für die Zucht der „blauen" Vanda-Orchideen – der beliebtesten aller modernen Vanda-Hybriden – verwendet. Vanda coerulea

Vanda coerulea

Vanda cristata

Vanda tricolor var. suavis

gehört zu den in den kühlen Gebirgsregionen des Himalaja lebenden Orchideen. Die eigentliche Art ist wenig verbreitet, weil sie als Kulturpflanze nur langsam wächst. Aber ihre Hybriden gedeihen in einer kühlen, hellen und feuchten Umgebung relativ gut.

Vanda cristata

Diese anmutige Orchidee aus dem kühlen Hochgebirge des indischen und nepalesischen Himalaja verträgt sehr gut das Klima in den kühleren Teilen der Welt. Mit ihrer niedrigen Wuchsform und ihren schönen Blüten ist sie eine ideale Pflanze in der Sammlung des Orchideenfreundes. Im Frühjahr treibt sie mehrere Blütenstängel mit jeweils einer oder zwei kleinen Blüten.

Vanda tricolor var. suavis

Diese Art stammt aus Java und ist eine der prächtigsten Vanda-Orchideen überhaupt. An ihrem langen Blütenstängel treten viele große, sehenswerte Blüten hervor. Die weißen oder cremefarbenen Blütenblätter sind in leuchtendem Rotbraun gesprenkelt oder gemustert. Das Purpur in der Lippe ist die dritte Farbe der Blüte: daher das Wort „tricolor" im Namen.

Vanda Rothschildiana

Dies ist eine primäre Hybride aus den Arten V. coerulea und V. sanderiana. Der erstgenannte Elternteil gibt der Pflanze die Unempfindlichkeit gegen Kälte und den wunderbaren Blauton. Der zweitgenannte steuert die vergrößerte Blüte und deren Mosaikmuster bei. V. Rothschildiana verträgt zwar kühle und warme Standorte, blüht aber williger und häufiger, wenn die Temperatur nicht unter 10 °C sinkt.

RECHTS: Vanda Rothschildiana. Dies ist vermutlich die berühmteste aller Vanda-Hybriden.

Wenn Sie schon einige Orchideen haben und Ihre Sammlung ergänzen wollen, dann könnten die folgenden Pflanzen für Sie interessant sein. Viele davon werden von Sammlern bevorzugt, die gerne mal etwas Ungewöhnliches haben möchten. Manchmal können diese Orchideen aber auch eine richtige Herausforderung für den Hobbygärtner darstellen.

Bifrenaria

Diese Pflanzen stammen überwiegend aus Brasilien. Sie stellen eine kleine Gattung ohne große Vielfalt dar. Die Orchideen wachsen hauptsächlich als Epiphyten, gedeihen aber auch als Erdorchideen, wenn ihnen die Dränage zusagt. Jede Pflanze besteht aus mehreren harten, dunkelgrünen Pseudobulben, aus deren Spitze jeweils ein einzelnes, großes und sehr hartes Blatt wächst. Das Blatt wird mehrere Jahre behalten, bevor es abgeworfen wird. Die Blütenspitzen treiben aus der Basis der führenden Pseudobulbe und bringen eine oder zwei große und sehr anziehende Blüten hervor. Die Blütenfarbe ist je nach Art unterschiedlich und kann von grünlichem Weiß bis zu dunklem Pink variieren. Die kleine, breite Lippe ist meistens dunkelrot oder malvenfarben. Und alle Arten duften.

Die beliebteste Art ist Bifrenaria harrisoniae. Sie hat einen angenehmen Duft und wächst in hängenden Körben zu einem großen Büschel heran.

Die meisten Bifrenaria-Orchideen haben im warmen Gewächshaus ausgeprägte Ruhe- und Wachstumsphasen. Solange die Pflanze und die Wurzeln wachsen, sollte man sie gut gießen und düngen. Wenn die aktive Phase zu Ende geht, ist die Pflanze trocken zu halten, um Infektionen und Fäulnis vorzubeugen.

Das Gießen muss wieder einsetzen, wenn das neue Wachstum beginnt und wenn die Blütenspitzen treiben, was für diese Orchideen typisch ist.

Brassia

Die Brassia-Orchidee ist mit den Gattungen Odontoglossum und Oncidium verwandt. Sie lässt sich zwar mit jenen willig kreuzen, stellt aber trotzdem eine eigene Gattung dar.

Das Verbreitungsgebiet der Brassia ist Südamerika, zahlreiche Westindische Inseln und im Norden noch Mexiko. Sie wächst normalerweise in großen Kolonien auf Bäumen. Die dunkelgrünen, pflaumenförmigen Pseudobulben tragen zwei Abschlussblätter und sind durch ein kurzes Rhizom voneinander getrennt. Die Blütenspitzen treiben, sobald der saisonale Wuchs der Pflanze beendet ist, und wachsen dann während einiger Monate langsam, bevor die Blütenknospen hervortreten. Je nach Art können die Blütenstängel, von denen jeder zehn oder zwölf sehr große Blüten trägt, 50 bis 100 cm lang werden. Die Petalen sind bandförmig und treten aus der Mitte der Blüte hervor, was ihnen ein spinnenförmiges Aussehen verleiht. Deswegen werden sie allgemein auch als „Spinnen-Orchideen" bezeichnet. Meistens sind sie Blüten blassgrün oder gelb, und manche sind orangefarben eingefasst. Die Blüten vieler Brassia-Arten verströmen ein kräftiges Parfüm, das ihre Attraktivität noch steigert. Allerdings ging der Wohlgeruch beim Kreuzen verloren.

Einige Arten gedeihen sehr gut im kühlen Klima, viele sind aber gegenüber höheren Temperaturen toleranter.

Der wichtigste Vertreter dieser Gattung ist Brassia verrucosa aus Mexiko und Guatemala, die blassgrüne Blüten und lange Spitzen besitzt. Sie kann vom Amateur problemlos gehalten werden und blüht sehr willig. Zu den beliebten Hybriden gehört Brassia Rex mit ihren großen und farbenfrohen Blüten. Viele Hybriden entstanden durch Kreuzung der Pflanze mit anderen Gattungen, darunter Odontoglossum, Oncidium und Miltonia. Zahlreichen Hybriden liegen drei verschiedene Gattungen als Kreuzungspartner zugrunde. Die berühmtesten sind Maclellaneara und Beallara.

Bulbophyllum und Cirrhopetalum

Einige Fachleute legen diese beiden Gattungen zusammen und nennen sie gemeinsam Bulbophyllum, während andere die beiden Gruppen genau unterscheiden. Wie auch immer, sie repräsentieren eine sehr große Anzahl Orchideen, die in der tropischen Welt weit verbreitet sind.

Es sind knollenförmige Orchideen, die normalerweise rundliche, dunkelgrüne Pseudobulben mit einem einzelnen Blatt an der Spitze bilden. Die Blütenspitzen entspringen an der Basis der Pflanze. Die Blüten selbst divergieren aufgrund der vielen Arten sehr stark. Einige sind sehr klein und nur von botanischem Interesse, während andere Arten große, interessante Blüten besitzen.

Sowohl in der Wildnis ihrer Heimat als auch in Kulturen wachsen sie zu großen Kolonien heran. Sie benötigen wenig Aufmerksamkeit und wollen wenig Störungen. Dann gedeihen sie viele Jahre prächtig und bieten alljährlich ein schönes Blütenschauspiel.

Einige Arten, etwa Cirrhopetalum umbellatum, produzieren einen großen Strauß leicht pinkfarbener Blüten, während andere, zum Beispiel Cirr. guttulatum, zierliche, blassgrüne Blüten hervorbringen. Die Bulbophyllum-Orchideen stammen aus Afrika. Ihre Blütenstängel sind hoch, abgeflacht und manchmal verdrillt. Die Blüten sind klein und unbedeutend und sehen wie krabbelnde Insekten aus.

Einige der größten Pflanzen dieser Gattung sind in Neuguinea beheimatet. Die Bulbophyllum fletcherianum hat Pseudobulben in der Größe von Gänseeiern und riesige Blätter, die bis zu einem Meter lang werden. Die Pflanze ist so schwer, dass sie von ihrem Wirtsbaum herabhängt. Aus ihrer Basis wächst eine Anzahl gro-

Die Bulbophyllum watsonianum wächst gern über ihren hölzernen Korb hinaus.

ßer purpur- und fleischfarbener Blüten mit einem entsetzlichen Geruch, der die Aasfliegen zur Bestäubung anlocken soll. Andere, goldgelb blühende Bulbophyllum-Orchideen aus dieser Region produzieren ebenfalls einen strengen, unangenehmen Geruch. In botanischen Gärten findet man diese Pflanzen als Kuriositäten.

Eine bemerkenswerte Eigenschaft dieser Orchideen ist, dass die Lippe sich beim kleinsten Windhauch oder bei Berührung ziemlich leicht bewegt. Die Bulbophyllum lobbii besitzt eine Lippe, die sich unter die Blüte dreht und dann in ihre ursprüngliche Position zurückschnellt. Die Lippe besitzt eine riesige Anzahl feinster Haare, die auf jeden Luftzug reagieren. Die Bulbophyllum medusa treibt am Ende eines langen Blütenstängels zahlreiche Blüten. Die dünnen Petalen hängen wie Fäden herab und geben der Pflanze ihren Namen.

Gemessen an der Größe der Gattung wurden diese Orchideen wenig für Kreuzungen eingesetzt. Die bekannteste aller Hybriden ist die Cirrhopetalum Elizabeth Ann. Sie hat lange, leicht pinkfarbene und gemusterte Petalen, die sie zu einer äußerst attraktiven Orchidee für das heimische Gewächshaus machen.

Calanthe

Das Verbreitungsgebiet der Gattung Calanthe ist groß. Es erstreckt sich über den Süden Chinas, über Japan, Indien, Thailand, über die Malaiische Halbinsel und über verschiedene Inseln Südostasiens. Die Calanthe wächst als Erdorchidee auf verschiedenen Böden und Felsen und gedeiht überall, wo sie gute Bedingungen vorfindet.

Diese Gattung kann grob in zwei Gruppen geteilt werden: in immergrüne und in Laub abwerfende Pflanzen. Die immergrüne Calanthe bildet ein kriechendes Rhizom, das sich unmittelbar über oder unter der Bodenoberfläche ausbreitet. Entlang des Rhizoms wachsen aus einer sehr kleinen Pseudobulbe zwei, drei oder vier Blätter. Der jüngste Trieb entsteht am Ende des Rhizoms und reift sehr schnell zu frischem Blattwerk. In der Regel kommt gleichzeitig auch die Blüte. Der Blütenstängel steht senkrecht und hebt sich deutlich von den Blättern ab, was typisch für Erdorchideen ist. Die Blütenfarbe variiert vom bräunlichen Gelb über leuchtendes Gold bis hin zum Weiß.

Die allererste Hybride, Calanthe Dominii, wurde 1856 aus zwei immergrünen Calanthe-Arten gezüchtet: Cal. masuca und Cal. furcata. Zur viktorianischen Zeit wurde die Cal. Dominii in großen Mengen angebaut. Leider ist sie heute aus der Mode gekommen, außer in Japan, wo sie schon immer beliebt war. Der Besucher einer japanischen Orchideenschau wird sehr viele und durchweg schöne moderne Hybriden zu sehen bekommen.

Die Blätter abwerfende Calanthe stammt aus ähnlichen Gegenden, ist aber nicht so weit verbreitet. Sie bildet große, füllige, silberweiße Pseudobulben, die zwei oder drei riesige Abschlussblätter tragen, die extrem dünn sind. Diese Blätter sind nicht für eine lange Lebensdauer ausgelegt.

Die Wachstumsphase beginnt im Frühjahr mit einem neuen Trieb. Zu diesem Zeitpunkt sollten die Pflanzen umgetopft werden. Während des Sommers sollten Sie reichlich gießen und düngen, und Sie werden feststellen, dass nichts so schnell wächst wie eine Calanthe. In Rekordzeit erreichen die Pseudobulben ihre volle Größe, und gleich danach erscheint bzw. erscheinen an der Basis der bzw. die Blütenstängel. Gleichzeitig verfallen die Blätter sehr schnell und sind bald darauf abgeworfen. Dann ist es Zeit, das Gießen einzuschränken oder ganz zu beenden. Die ältere Pseudobulbe, von der das jüngste Wachstum ausging, wird verfallen, kann aber manchmal noch zur Vermehrung verwendet werden. Die Blütenspitzen wachsen den Herbst und Winter über weiter, wobei sie die benötigte Energie aus der Pseudobulbe holen. Der Blütenstängel kann einen Meter Höhe erreichen. Die Farbpalette der Blüten reicht von Weiß und Creme mit roten Lippen über verschiedene Pinkschattierungen bis zum tiefsten Rot. Die Blüten sind äußerst langlebig und bleiben viele Monate in bester Verfassung. Da die Pflanzen zu diesem Zeitpunkt ihre Blätter und einen großen Teil ihrer Wurzeln verloren haben, muss nicht mehr gegossen werden. Nach dem Verblühen sind die Blütenstängel zu entfernen, und die nächste Wachstumsperiode kann im Frühling beginnen.

Vor hundert Jahren hatte die Popularität der Calanthe und ihrer vielen Hybriden einen Höhepunkt erreicht. Dann kamen diese Orchideen weitgehend außer Mode, bis in den 1980er-Jahren das Interesse an ihnen wieder erwachte. Heute gibt es mehr Calanthe-Züchtungen als jemals zuvor, und wer den notwendigen Platz zur Verfügung hat, wird ihre Haltung als sehr lohnend empfinden.

Coelogyne

Dies ist eine große Gattung überwiegend epiphytischer Orchideen aus dem tropischen Asien. Ihr Verbreitungsgebiet reicht im Norden bis nach China. Man findet sie in ganz Indien, Sri Lanka, Burma, auf der Malaiischen Halbinsel und weiter im Süden in Neuguinea.

Die meisten dieser Orchideen haben große, attraktive Blüten, und auch wenn sie nicht blühen, sind es sehr interessante Pflanzen. Sie haben fette, grüne Pseudobulben mit je zwei Abschlussblättern und sind untereinander durch ein hartes, verholzendes Rhizomgeflecht verbunden. Diese Orchideen leben auf Ästen oder in Astgabelungen großer Bäume, wo ihre alten Pseudobulben mit Blättern viele Jahre überdauern. Bei den meisten Arten entspringt die Blüte – überwiegend im Frühjahr – aus dem Zentrum des neuen Triebs. Nach der Blüte wachsen die Triebe bis zum Herbst weiter und wandeln sich zu einer neuen Pseudobulbe. Je nach Art legen die Pflanzen dann eine mehr oder weniger lange Winterruhe ein.

Während der Wachstumsphase sind die Pflanzen für reichliches Gießen und Düngen dankbar. Dann produzieren die neuen Triebe im Spätsommer dicke und gesunde Pseudobulben. Früher glaubte man, dass man sie im Winter knochentrocken halten sollte. Dies führt jedoch zu übermäßigem Schrumpfen der Pseudobulben und bereitet der Pflanze im Frühjahr viel Mühe, den Wasserverlust zu kompensieren.

Unter den Orchideen aus dem Himalaja dominieren die Arten Coelogyne cristata, Coel. ochracea, Coel. corymbosa und Coel. flaccida. Alle diese Arten besitzen schöne, weiß schimmernde Blüten mit hellgold oder orange gemusterten Lippen. Als kultivierte Orchideen blühen sie im Spätwinter und im Frühjahr, und ihr Duft kann ein ganzes Gewächshaus vereinnahmen.

Die aus südlicheren Zonen stammenden Arten wie Coel. massangeana oder Coel. dayana bilden lange, hängende Blütenstängel. Deshalb hängt man sie am besten in Körben oder Töpfen unter das Dach des Gewächshauses. Ihre Blütenspitzen, die bis zu 60 cm lang werden können, tragen ein Dutzend höchst eindrucksvoller cremigweißer Blüten, die in der Mitte braun sind.

Eine der am meisten nachgefragten Arten ist die Coel. pandurata. Sie besitzt Petalen in blassem Apfelgrün und eine sehr dunkle, fast schwarze Lippe, was ihr den allgemein verwendeten Namen „schwarze Orchidee" eingetragen hat.

Es gibt sehr wenige Coelogyne-Hybriden, vor allem weil sie schwierig zu züchten sind. Aber die wenigen Hybriden sind berühmt. Die Orchidee Coelogyne Green Dragon „Burnham", eine Hybride aus Coel. pandurata und Coel. massangeana, besitzt sehr lange, hängende Blütenstängel und vereinigt die besten Eigenschaften beider Elternteile in sich. Coelogyne Memoria William Micholitz, eine Orchidee mit glänzend weißen Blüten, stammt von Coel. mooreana und Coel. lawrenceana ab.

Die Gattung Coelogyne scheint sehr wenige enge Verwandte zu haben, und so überrascht es nicht, dass sie mit anderen Gattungen gekreuzt wird. Obwohl die Farbpalette begrenzt ist – überwiegend findet man Weiß-, Braun-, Gelb- und Grüntöne –, sind neue Versuche der Hybridisierung durchaus lohnend.

Coelogyne fuliginosa

Encyclia

Die Gattung Encyclia ist im tropischen Amerika – Nord- und Südamerika – sowie auf den Westindischen Inseln weit verbreitet. Es sind knollige Orchideen, die lange und schlanke oder kurze und dicke Pseudobulben mit zwei bis vier Blättern an der Spitze bilden. Ebenfalls aus den Spitzen der – vorjährigen – Pseudobulben treiben die aufrechten Blütenstängel. Die Blüten bieten faszinierende Farben.

Encyclia cochleata, bekannt als „Herzmuschel"-Orchidee

Die Orchideen leben überwiegend epiphytisch: je nach Art entweder klein und buschig oder als große Pflanzen auf stets großen Bäumen. Unter geeigneten Bedingungen findet man Vertreter dieser Gattung auch auf der Erde oder auf Felsen wachsend.

Diese Orchideengattung ist sehr groß und wurde im Laufe der Jahre mehrfach aufgeteilt und umgruppiert. Ursprünglich gehörte sie zur Gattung Epidendrum. Im Rahmen größerer Änderungen wurden viele Arten der Gattung Prosthechea zugeordnet, sind aber weiterhin allgemein bekannt als Encyclia-Orchideen. Seit vielen Jahren werden sie gezüchtet, und in den Zuchtbüchern werden sie nach wie vor als Epidendrum-Orchideen geführt. Kreuzungen innerhalb der eigenen Gattung sind hier eher selten und immer sehr mittelmäßig. Aber Kreuzungen mit anderen Verwandten, zum Beispiel Cattleya, ergeben wunderbar farbenfrohe Hybriden und kleine, kompakte Pflanzen.

Eine der bekanntesten Encyclia-Orchideen ist Encyclia cochleata, die als eine der ersten Orchideen überhaupt bereits 1763 in westlichen Pflanzenkulturen eingeführt wurde. Diese ansprechende Orchidee hat eine relativ große Pseudobulbe und kann als Kulturpflanze das ganze Jahr über blühen. Den Namen „Herzmuschel"-Orchidee verdankt sie der Form ihrer Lippe. Auch der Name „Tintenfisch"-Orchidee – wegen ihrer ungewöhnlich langen „Tentakel" – ist geläufig. Es handelt sich um eine langsam wachsende Orchidee, die sich aber an unterschiedliche Umgebungsbedingungen gut anpassen lässt. Die meisten Arten benötigen ein eher kühles Klima. Einige vertragen ebenso gut höhere und sogar hohe Temperaturen.

Das Beste für die Pflanzen ist, wenn sie entsprechend ihrem eigenen Rhythmus behandelt werden. Wenn eine Orchidee im Winter wachsen will, sollte sie gegossen werden, auch wenn ihre Nachbarin lieber ihre Winterruhe hält und weniger oder gar kein Wasser benötigt.

Epidendrum

Diese Orchideen sind im gesamten tropischen Amerika und auf den Westindischen Inseln beheimatet, wo sie als Epiphyten oder als terrestrische Orchideen vorkommen. Die meisten Epidendrum-Arten haben lange, dünne, röhrenförmige Stängel, deren Länge zwischen 5 cm und 3 m variieren kann. Die Blüten treiben an der Spitze des Stängels, und zwar fast kontinuierlich. Zwei oder drei Jahre lang können pausenlos immer wieder neue Blüten erscheinen.

Die Anzahl der vorkommenden Farben ist außerordentlich groß: Von blassem Salat-Grün bis zu dunklem Rot und hellen Orange- und Gelbtönen ist alles möglich. In vielen tropischen Ländern sind die Epidendrum-Orchideen daher beliebte Gartenpflanzen. Und vielerorts sind sie aus den Kulturgärten geflohen und haben sich selbst ausgewildert. In kühleren Klimazonen sind sie ideale Pflanzen für das Gewächshaus oder sogar für das Wohnhaus.

Der Name Epidendrum ist sehr alt. Ursprünglich trugen ihn alle Orchideen, die man auf Bäumen wachsend fand. Wann immer man neue Arten entdeckte, nannte man sie automatisch Epidendrum. Das heißt, viele der heutigen Orchideen wurden früher Epidendrum genannt.

Die eigentlichen Epidendrum-Orchideen wurden ausgiebig für Kreuzungen eingesetzt. Das Ergebnis waren größere, schönere Blumen für den tropischen Garten oder für das warme Gewächshaus. Die röhrenartigen Epidendrum-Pflanzen sind bemerkenswert unempfindlich und lassen sich an unterschiedliche Klimaverhältnisse anpassen. Sie gedeihen in jeder frostfreien Umgebung und belohnen ihren Besitzer mit einer wunderbaren Blütenschau.

Die Orchidee Epidendrum radicans produziert eine beeindruckend große Gruppe lebendiger orangeroter Blüten. Epidendrum ciliare hat hellgrüne, nach außen gespreizte Sepalen und eine feine weiße Lippe, die der Blüte ein spinnenähnliches Aussehen geben.

Epidendrum radicans, die wegen ihrer kreuzförmigen Lippe auch Kreuz-Orchidee genannt wird.

Die Epidendrum ciliare kann sehr groß werden.

Beliebte Pflanzen 135

Gongora

Die Heimat der Gongora-Orchideen ist der amerikanische Kontinent. Alle Arten wachsen als Epiphyten entweder in tropischen oder in gemäßigten Zonen und überwiegend in den wolkenverhangenen Wäldern des Hochlands. Sie bilden runde bis ovale, feste Pseudobulben mit zwei oder drei Blättern an der Spitze. Die langen, dünnen Blütenstängel treten immer an der Basis der Pflanze aus, hängen herab und tragen zwischen vier und fünfzehn – bei manchen Arten noch mehr – Blüten. Diese haben zum Teil seltsame Formen und sehen wie fliegende Insekten aus. Die Farben variieren von Gelb über Brauntöne bis zu geflecktem Rot. Die Blüten verbreiten einen kräftigen Duft.

Die Gongora ist eine typische Gattung für Spezialisten unter den Züchtern, die das Besondere suchen. Aber sie gedeiht auch gut im Gewächshaus des Hobbyzüchters. Wegen ihrer hängenden Blüten hält man sie am besten in Körben oder Töpfen unter dem Dach des Gewächshauses. Alternativ kann man sie auch auf einem Stück Rinde an der Wand hängend gedeihen lassen.

Die nächsten Verwandten der Gongora sind die Stanhopea-Orchideen, doch ist über erfolgreiche Kreuzungen beider Gattungen wenig bekannt. Hier gibt es vielleicht noch Ansatzmöglichkeiten für neue Hybriden.

Alle Arten neigen zur Bildung großer Pflanzenballen, die man gut teilen – oder auch als ganze Pflanze so lassen – kann.

Huntleya und Pescatorea

Diese Orchideen kommen auf dem südamerikanischen Kontinent vor. Sie wachsen überwiegend epiphytisch – gelegentlich auch terrestrisch – in den bewölkten Waldregionen, wo die Luftfeuchtigkeit fast ständig sehr hoch ist. Im Laufe der Evolution haben diese Orchideen alle ihre Pseudobulben abgelegt und durch große Büschel Blattwerk als Nahrungsspeicher ersetzt. Fünf, sechs oder mehr Blätter bilden ein Büschel und sind durch ein kurzes, dickes Rhizom mit dem Nachbarbüschel verbunden. Sobald der neue Trieb ausgewachsen ist und heranreift, werden die Blüten hervorgebracht.

Da diese Orchideen an Standorten ohne lange Trockenperiode wachsen, können sie ihr Blattwerk das ganze Jahr über behalten und benötigen keinen Nahrungsspeicher in Form einer Pseudobulbe. Sie wachsen ohne Unterbrechung und können zu jeder Jahreszeit blühen, wobei die Blüte – oft auch mehrere – an der Basis der Pflanze austritt.

Die berühmteste der zahlreichen Arten ist Huntleya meleagris, die mit ihren großen, sternförmigen Blüten eine wunderbare Orchidee ist. Andere Beispiele sind Pescatorea cerina mit ihren weißen, amethystfarben gepunkteten Petalen, Bollea coelestis mit großen Blüten in einer

Gongora galeata

seltenen Blaufärbung sowie Cochleanthes discolor mit einer trompetenförmigen, purpurfarbenen Lippe und Petalen in cremigem Pink.

Alle diese Orchideen lieben die Hochlagen der Berge Südamerikas, vor allem der Anden, wo sie in den fast ganzjährig feuchten, wolkenverhangenen Wäldern gut gedeihen. Es ist daher wichtig, diese Pflanzen mit ihren feinen Blättern niemals zu lange trocken stehen zu lassen und sie immer vor direkter Sonneneinstrahlung zu schützen.

Es ist fast eine Schande, dass diese wunderschöne Gruppe Orchideen nicht sehr beliebt ist und so wenig beachtet wird. Sie werden selten gekreuzt, ein Versäumnis, wenn man sieht, wie viele Farben und Formen in ihrer Verwandtschaft vorkommen.

Ludisia

Ludisia ist eine kleine Gattung Erdorchideen, die gelegentlich auch epiphytisch wachsen und vor allem in Südostasien beheimatet sind, wo sie allgemein als Jewel-Orchideen bezeichnet werden. Diesen Namen kann man allgemein auf alle Pflanzen anwenden, die attraktive Blätter haben – aber zweifelsohne ist Ludisia die schönste.

Die Pflanze bildet ein kurzes, kriechendes Rhizom, an dem entlang die Blätter sprießen und das mit einer Blattrosette endet. Die Blütenspitze treibt aus dem Zentrum. Nach der Blüte wird sofort ein neuer Spross gebildet, dann wieder eine Blüte usw. Die Blätter fühlen sich samtartig an, sind dunkelgrün und mit roten oder orangefarbenen Adern durchzogen. Die Muster können von Pflanze zu Pflanze erheblich variieren. Der Blütenstängel steht aufrecht und hebt sich von den umgebenden Blättern deutlich ab. Die kleinen Blüten sind weiß und in der Mitte gelb, wie zum Beispiel bei der beliebtesten Orchidee, Ludisia discolor. Am besten kultiviert man diese Orchideen in einem Substrat aus feiner Rinde, Torf und etwas grobem Sand, um ausreichende Wasserdurchlässigkeit sicherzustellen.

Ludisia discolor, die Jewel-Orchidee

Mit Rücksicht auf das kriechende Rhizom sollte die Orchidee locker in einen flachen Topf oder in eine Schale gepflanzt werden. Sie braucht immer viel Licht, muss aber vor direkter Sonne geschützt werden. Da sie eine Waldpflanze ist, sollte sie nie vollständig austrocknen. Besprühen Sie die Blätter nicht mit hartem Wasser oder Insektiziden, da diese hässliche Rückstände auf den Blättern hinterlassen.

Diese Orchidee gedeiht gut als Zimmerpflanze auf der Fensterbank und kann das ganze Jahr über – wegen ihrer schönen Blätter auch in der blütefreien Zeit – bewundert werden. Früher wurden viele Arten kultiviert, sind aber heute kaum noch zu finden, und wenn, dann nur in den Sammlungen von Spezialisten. Es gibt zahlreiche andere, eng verwandte Erdorchideen mit diesen schönen Merkmalen. Und sie alle wären es wert, dass man nach ihnen Ausschau hält.

Lycaste und Anguloa

Die Gattung Lycaste war bei den Hobbygärtnern schon immer beliebt. Die Pflanzen lassen sich leicht halten, blühen willig und haben große, dekorative Blüten. Man findet sie hauptsächlich in den Anden Südamerikas und – mit zahlreichen Vertretern – weiter nördlich in Guatemala und im tropischen Mexiko. Je nach Art leben sie terrestrisch oder epiphytisch. Alle Mitglieder dieser Gattung bilden runde oder ovale Pseudobulben, die dicht beieinander sitzen, und tragen in der Regel an der Spitze zwei große Blätter. Bei großen Pflanzen können die Blätter etwas unschön aussehen. Es handelt sich hier um Blätter, die jährlich abgeworfen werden, daher sind sie weich und wenig widerstandsfähig. Manche Orchideengärtner entfernen die Blätter einfach, wenn sie zu unansehnlich werden.

Diese Orchideen blühen im Allgemeinen während der Ruhephase, und die besten Hybriden lassen aus der Basis der führenden Pseudobulbe überreichlich Blüten sprießen. Jede Blüte hat zwar ihren eigenen Stängel, aber es können zwanzig oder mehr Blütenstängel sein, die aus einer einzigen Pseudobulbe treiben. Diese großen, attraktiven Blüten duften oft sehr stark. Während der Blüte hält man die Pflanzen am besten trocken. Damit vermeidet man Fleckenbildung, und die Blüten leben länger.

Der nächste Vegetationsschub setzt unmittelbar nach der Blüte ein, manchmal sogar etwas früher. Während des Wachstums sollten Sie reichlich gießen und düngen, um die Pseudobulbe zu kräftigen.

Die weichen Blätter machen diese Orchideen sehr anfällig für Blattlausattacken. Zudem wollen die Blätter nicht mit Insektiziden besprüht werden, weil sie dabei leicht verbrennen können. Das beste Mittel gegen diese Schädlinge sind daher Wasser und Schwamm. Waschen Sie die Blätter – wie zuvor schon beschrieben – gründlich ab.

Die berühmteste aller dieser Arten ist Lycaste skinneri, auch bekannt als Lycaste virginalis, eine Orchidee aus Guatemala, die riesige pinkfarbene Blüten besitzt. Man findet sie heute nur noch selten. Aber es gab Zeiten, da war sie derart beliebt, dass ganze Sammlungen nur aus diesen Orchideen bestanden – in reinem Weiß, in leichtem Pink bis hin zum tiefsten Rot. Andere Orchideen dieser Gattung sind Lycaste aromatica und Lycaste cruenta mit ihren goldgelben Sepalen und grünlichen Petalen. Ihr Duft kann das gesamte Gewächshaus erfassen.

In Südamerika wachsen einige terrestrische Arten, und diese müssen sich gegen viele Konkurrenten am Boden behaupten. Daher haben sie lange Blätter und ebenso lange Blütenstängel entwickelt. Eine dieser Orchideen, Lycaste locusta, hat dunkelgrüne Blüten.

Die Gattung Anguloa ist eine nahe Verwandte. Ihr Verbreitungsgebiet beschränkt sich aber auf die Hochlagen der Anden, Ecuadors, Kolumbiens und Perus. In ihrer Erscheinungsform und in ihrem Vegetationsverhalten entsprechen sie der Gattung Lycaste, sind jedoch insgesamt etwas robuster. Die Pflanzen werden größer, und ihr gewaltiges Blattwerk benötigt im Gewächshaus viel Platz. Ihre becherförmigen Blüten sitzen einzeln auf dem Blütenstängel und öffnen sich nie vollständig. Dies brachte ihnen den Beinamen Tulpen-Orchideen ein. Die bekannteste ist Anguloa clowesii, deren Blüte leuchtend gelb ist und kräftig duftet.

Beide Gattungen wurden seit frühester Zeit für Kreuzungen – auch untereinander – herangezogen. Dabei entstanden Hybriden von zum Teil außergewöhnlicher Schönheit, die sehr begehrt sind. Sie geben hervorragende Zimmerpflanzen ab und gedeihen gut auf der Fensterbank. Während der Ruheperiode lieben sie einen kühlen Raum, in der Vegetationsphase wollen sie Wärme und viel Licht. Ihr feines, empfindsames Blattwerk muss aber vor direktem Sonnenlicht geschützt werden. Die Blätter könnten zu leicht versengen.

Masdevallia

Die Gattung Masdevallia ist riesengroß und enthält viele Arten mit sehr unterschiedlichen Blüten. Sie stammen durchweg aus Amerika, wobei die Mehrzahl in den Hochlagen der Anden oder in den Bergregionen an der Küste Brasiliens, aber auch in den Regenwäldern Mexikos vorkommt.

Es sind allgemein kleine, buschige Pflanzen ohne Pseudobulben. In jeder Vegetationsperiode wird nur ein einzelnes Blatt geschoben. Da aber viele Triebe gleichzeitig ein Blatt produzieren, entsteht ein großes Büschel blassgrüner oder dunkelgrüner Blätter. Um Trockenperioden ohne Pseudobulben zu überstehen, sind die Blätter sehr dick und können große Mengen an Wasser aufnehmen. In der Natur findet man diese Pflanzen oft auf moosbedeckten Ästen, wo ihr feines Wurzelsystem genügend Wasser und Nahrung aufsammeln kann, um die Pflanze zu versorgen. Diese Orchideen fühlen sich auch auf bemoosten Felsen wohl, ebenso auf dem Erdboden, wenn die Dränage geeignet und der Konkurrenzdruck durch andere Pflanzen nicht zu groß ist.

Pro Pflanze wächst ein einzelner Blütenstängel, an dem eine oder zahlreiche Blüten treiben. Die Sepalen bilden den vorherrschenden Teil der Blüte, während die Petalen und die Lippe winzig klein und kaum mehr bemerkbar sind. Die Sepalen sind oft zusammengewachsen und geben der Blüte ein fast dreieckiges Aussehen. Die Farben differieren sehr stark: Reines Weiß, gemusterte Gelb- und Brauntöne, leuchtendes Orange, Purpur und Malve sind vertreten.

Es gibt viele hunderte Arten, von denen die meisten nicht mehr als einen kleinen Blumentopf in der Größe einer Kaffeetasse benötigen. Sehr viele Pflanzen sind für kleine Gewächshäuser geeignet. Da sie Hochlandpflanzen sind, lieben sie das ganze Jahr über kühles, feuchtes Klima. Eine Ruheperiode brauchen sie nicht. Wichtig ist jedoch, dass sie im Sommer nicht überhitzen.

Ihre bisherige Verwendung zur Züchtung von Hybriden ist schon beträchtlich. Aber es könnte immer noch sehr viel getan werden. Da die Auswahl an Arten und die Zuchtwilligkeit der Pflanzen sehr groß sind, stehen die Chancen für viele weitere Hybriden gut. Die Sämlinge wachsen sehr schnell und blühen innerhalb kurzer Zeit.

Mit der Masdevallia verwandt ist eine große Gruppe anderer Gattungen, zu der unter anderem die Dracula gehört, deren Blüten im Vergleich zur Pflanze riesig sind.

Auch die Dryadella-Orchidee, eine Gattung kleiner, kompakter Pflanzen, ist mit der Masdevallia eng verwandt. Sie hat stängellose Blüten, die an der Basis der Pflanze aufbrechen. Man bezeichnet sie auch als „Fasan im Gras".

Noch größer als die Gruppe der Masdevallia ist jene der Pleurothallis. Die meisten dieser Pflanzen haben sehr kleine, unscheinbare Blüten, sind aber für den Hobbygärtner, der etwas Besonderes besitzen möchte, durchaus interessant.

Masdevallia coccinea

Miltonia

Diese Gattung litt enorm unter der Neuklassifizierung. Viele frühere Orchideen dieses Namens wurden anderen Gattungen zugeordnet. Aus diesen wurden dann viele wieder ausgegliedert und werden erneut – oder immer noch – der Gattung Miltonia zugerechnet.

Die „echten" Miltonia-Orchideen findet man überwiegend in Brasilien, wo sie leicht abgeflachte, längliche Pseudobulben bilden, die durch ein kriechendes Rhizom voneinander getrennt sind. Sie sind gute Kletterer und lassen sich auf den meisten Baumarten nieder. Ihre Blätter sind blassgrün, was ein Zeichen dafür ist, dass die Pflanze den Schatten sucht. Als Kulturpflanze scheint aber gutes Licht ein wichtiger Faktor für ihr Wohlergehen zu sein.

Mit dem Beginn der Vegetationsphase entsteht auch die Blütenspitze, die zwei oder drei

Miltonia spectabilis var. moreliana

Blüten trägt. Die große, breite Lippe beherrscht optisch die Blüte.

Die berühmteste dieser Arten ist Miltonia spectabilis, deren Petalen blasspink gefärbt sind und deren Lippe Adern in dunklerem Pink aufweist. In der Variante moreliana sind die Petalen – und auch die Adern in der Lippe – extrem dunkel gefärbt. Miltonia flavescens bildet lange Spitzen mit acht bis zehn strohgelben Blüten.

Die meisten Miltonia-Orchideen wachsen je nach Art in verschiedenen Höhenlagen des brasilianischen Regenwaldes. Im gemäßigten oder warmen Gewächshaus ist diese Orchidee relativ einfach zu halten. Es kommt häufig vor, dass sie ihren Topf nicht mag, schnell über den Topfrand hinauswächst und zahlreiche Luftwurzeln bildet. Solche Arten hängt man besser in Körben auf oder befestigt sie an Rinden oder Baumstümpfen. Sie haben keine oder nur eine äußerst kurze Ruheperiode. Kaum ist ein Trieb ausgewachsen, beginnt schon der nächste zu schieben. Gewöhnlich treiben zwei oder drei gleichzeitig, sodass schnell eine große, buschige Pflanze entsteht.

Miltonia, und speziell Miltonia spectabilis, ist für Kreuzungen verwendet worden, und zwar nicht nur innerhalb der eigenen Gattung, sondern auch mit Gattungen wie Odontoglossum. Die Blüten dieser Hybriden erinnern an Odontoglossum, sind aber hitzeresistenter.

Stanhopea

Die Blüten der Gattung Stanhopea gehören zu den größten Orchideenblüten überhaupt und duften sehr stark. Ihre gemeinsame Heimat ist das tropische Mittelamerika. Auch auf einigen Westindischen Inseln, wo sie als Epiphyten wachsen, kommen sie vor. Die Pflanze besteht aus einer dunkelgrünen Pseudobulbe mit einem einzelnen harten Blatt an der Spitze. Außergewöhnlich an der Stanhopea ist, dass die Blütenspitze – aus der Basis der Pflanze heraus – direkt nach unten wächst, sodass sie als Kulturpflanze ausschließlich in hängenden Körben gehalten werden kann.

Anders als bei den meisten Orchideen wächst die Blütenspitze schnell, und die voll ausgereiften Knospen sind größer als bei jeder anderen Orchidee. Innerhalb weniger Minuten brechen sie auf und bringen eine voll entwickelte Blüte hervor. Diese riesigen, fantastisch geformten und gezeichneten Blüten leben kaum eine Woche, gerade lange genug, um in der Wildnis bestäubt zu werden.

Das Farbmuster der Blüte kann sogar innerhalb einer einfach zu bestimmenden Stanhopea-Art erheblich variieren. Gleiches gilt für die Form und die Größe. Abgesehen davon finden viele natürliche Kreuzungen statt.

Die häufigsten kultivierten Arten sind Stanhopea tigrina mit ihrem kastanienbraunen Muster auf einer leicht cremefarbenen Blüte sowie Stanhopea oculata, die gelbe, fein gesprenkelte Petalen und ein dunkles Auge an der Basis der Lippe besitzt.

Stanhopea oculata

Thunia

Die Gattung Thunia stellt eine kleine Gruppe von Orchideen dar, die aus dem Himalaja stammen, wo sie sehr ausgeprägte Vegetations- und Ruhezyklen haben. Man findet sie am Boden, auf Bäumen oder auf Felsen. Als Erdorchideen haben sie eine sehr schnelle Wachstumsphase. Der neue Trieb startet mit der Regenzeit oder – in Kulturen – mit dem Frühjahr. Bis die jungen Triebe eine Länge von 5 bis 8 cm erreicht und ein gesundes Wurzelwerk entwickelt haben, sind sie sehr empfindlich.

Die Pflanzen bilden lange, röhrenförmige Pseudobulben, die bis zu einem Meter lang werden können und auf ihrer gesamten Länge weiche, papierartige Blätter treiben. Unmittelbar nach Ausreifen der Pseudobulben wird an ihrer Spitze ein großer Blütenstrauß hervorgebracht. In den meisten Fällen leuchten die Petalen in reinem Weiß und haben lange, geflammte Lippen. Sofort nach der Blüte stellt die Pflanze ihr saisonales Wachstum ein, und innerhalb von einem oder zwei Monaten beginnen die Blätter abzusterben. Sie verfärben sich leuchtend-

herbstlich und fallen dann ab. Bis zur erneuten Vegetationsphase im Frühjahr ist weder Gießen noch Düngen notwendig. Die Pseudobulbe der vorherigen Saison wird jetzt vollkommen einschrumpfen, ihre gesamte Energie an die Nachfolgerin weitergeben und dann absterben. Somit besitzt eine einzelne Pflanze nie mehr als eine Pseudobulbe gleichzeitig. Halten Sie die Orchidee in der Wachstumszeit sehr gut abgeschattet, um das empfindliche Blattwerk vor Überhitzung zu schützen.

Die bemerkenswerteste Art ist Thunia marshalliana, die unter allen Artgenossen die größte und farbenprächtigste Lippe hervorbringt.

Es gibt einige Hybriden. Die beste ist Thunia Gattonense, die leicht pinkfarbene Petalen und eine dunkel pinkfarbene Lippe mit gelber Zeichnung besitzt. Diese Orchideen eignen sich gut als Begleitpflanzen für die Blätter abwerfenden Calanthe-Orchideen, die ähnliche Ansprüche an ihre Kultivierung stellen.

Zygopetalum

Diese Pflanzen kommen im tropischen Südamerika vor, und zwar vor allem in den höheren Bergregionen der Anden und im Bereich der Atlantikküste. Es ist eine kleine, aber sehr ansprechende Gruppe – nur etwa 15 Arten –, die überwiegend als Erdorchideen, manchmal auch als Epiphyten wachsen. Nur eine Art ist eine kletternde Orchidee.

Es handelt sich um immergrüne Orchideen, die entlang eines kriechenden Rhizoms eine Reihe von Pseudobulben mit Blättern an der Basis und an der Spitze entwickeln. Neuer Trieb und Blütenspitze werden zur selben Zeit produziert. Das herausragende Merkmal der Blüten ist ihre große und sehr farbenfrohe Lippe. Die Grundfarbe ist Weiß oder Creme mit kräftigen Streifen oder Mustern in dunklem Lila. Manche Arten sind vollständig einfarbig. Die Petalen sind mit grünen und braunen Mustern gezeichnet und duften fast immer sehr stark.

Diese Orchideen sind zwar in der Nähe des Äquators beheimatet, wachsen aber in großen Höhen und gedeihen daher gut an einem schattigen Platz im kühlen Gewächshaus.

Die beliebteste Art ist Zygopetalum intermedium, die als Z. mackaii verkauft wird. Es ist die robusteste Art dieser Gattung und entwickelt lange Blütenspitzen mit sehr attraktiven Blüten. Zygopetalum maxillare besitzt ein langes, dünnes Rhizom und kann bestens als Kletterpflanze gehalten werden. Mit ihrer Basis in einem Topf kann sie einen Fichtenstamm hinaufranken. Zygopetalum crinitum ist eine kompakte Pflanze mit beeindruckenden, etwa 8 cm großen Blüten. Die Petalen sind bei olivgrüner Grundfarbe schokoladenbraun gesprenkelt. Die weiße Lippe ist mit purpurfarbenen Linien und Punkten gemustert. Die Blüten duften besonders stark.

Innerhalb dieser Arten wurden viele Hybriden gezüchtet, deren Farben noch kräftiger wurden. Auch mit verwandten Gattungen wie Colax oder Promenaea wurde Zygopetalum gekreuzt.

Orchideen im kühlen Gewächshaus

Bislang haben wir uns überwiegend mit tropischen Orchideen beschäftigt, die als Epiphyten auf Bäumen und nur gelegentlich am Erdboden wachsen, wenn sie von ihrem Wirtsbaum gefallen sind. Es gibt aber auch eine große Gruppe terrestrischer Orchideen, die ausschließlich auf dem Boden vorkommen. Man kann sie in aller Welt finden, und tatsächlich sind sie weiter verbreitet als die Epiphyten, deren Lebensraum auf die Regionen des Regenwalds beschränkt ist. Terrestrischen Orchideen begegnet man in den unwirtlichsten Gebieten, bis hinauf zum Polarkreis, in trockenen und staubigen Wüsten oder in der offenen Savanne, wo kein Baum wächst.

Solche Orchideen kann man im Garten oder im kühlen Gewächshaus, das nur gerade frostfrei gehalten wird, anpflanzen. Sie bieten dem Orchideengärtner eine zusätzliche Auswahl an Pflanzen, die alle ebenso faszinierend sein können wie ihre tropischen Vettern. Einige dieser Erdorchideen benötigen beheizte Gewächshäuser, in denen die Nachttemperatur nicht unter 5 bis 10 °C absinkt. Andere brauchen nur den einfachen Schutz eines unbeheizten Glashauses, während die abgehärtetsten Orchideen im Freien, etwa in einem Blumenbeet, gehalten werden können.

Die meisten terrestrischen Orchideen beginnen im Winter zu wachsen und entwickeln langsam ihre neuen Blätter, um dann im Laufe des Frühjahrs ihr Wachstum kräftig zu beschleunigen und in der Blüte zu gipfeln. Dann kommen sie zur Ruhe, bis der nächste Vegetationszyklus beginnt. Wenn es die Bodenbeschaffenheit zulässt, kann das kriechende Rhizom ziemlich tief in der Erde wachsen und macht sich über der Erdoberfläche erst wieder durch eine Blattrosette mit einem Blütenstängel in der Mitte bemerkbar.

Einige Orchideen beginnen im Herbst zu wachsen und wachsen im Winter langsam weiter. Diese Arten kommen in der Natur im Klimaraum des südlichen und östlichen Mittelmeeres vor und blühen viel früher, sterben aber oberhalb des Erdbodens schon völlig ab, bevor der heiße, trockene Sommer beginnt.

Die Orchideenarten aus den Hochgebirgsregionen oder vom Polarkreis können nicht aktives Leben entwickeln, solange noch Schnee liegt. Sie haben eine kurze Vegetationsperiode, in der sie schnell wachsen und Samen produzieren müssen, bevor der Winter zurückkehrt.

Einst waren diese terrestrischen Orchideen schwer zu beschaffen. Die besten Lieferanten sind heute spezialisierte Züchter, die ausschließlich solche winterharten Orchideen anbauen. Wenn man diesen Orchideen in der Natur begegnet, ist man versucht, sie auszugraben und mitzunehmen. Aber abgesehen davon, dass die Wildorchideen in fast allen Ländern unter Naturschutz stehen, ist die Blütezeit – wenn wir die Orchideen sehen – die völlig falsche Zeit, um sie zu verpflanzen.

● **Geeignete Pflanzen**

Disa ist eine Gattung, die aus Afrika stammt. Die bekannteste Art, Disa uniflora, kommt vom Tafelberg in Südafrika. Ihre Hybriden besitzen Blüten in den leuchtendsten Farben Rot, Orange und Gelb. Diese Orchideen gedeihen am besten in einem speziellen Gewächshaus, in dem im Winter die Nachttemperaturen zwischen 8 und 10 °C liegen. Sie brauchen viel frische Luft und sehr viel Licht. Sie keimen und wachsen schnell und vermehren sich bereitwillig. Sie gehen aber auch sehr leicht ein, wenn ihnen das Angebot an Licht, Luft und Wasser nicht zusagt. Wenn sie aber wachsen, dann bieten sie eine schöne Blütenpracht.

Die Gattung Ophrys (Ragwurz), die auch als Bienen-Orchidee bekannt ist, findet man in ganz Europa. Sie kann auf unterschiedlichen Böden leben und kommt insbesondere mit Kalkböden gut zurecht. Sie fühlen sich aber auch im Blumenbeet wohl, solange man sie in Ruhe lässt,

ebenso auf grobem Boden oder in gut durchlässigen Töpfen im kühlen Gewächshaus.

Dactylorhiza praetermissa (Übersehenes Knabenkraut) ist eine weitere europäische Art, die viele Gartenböden verträgt. Am besten gedeiht sie jedoch auf armen, unverfälschten Böden und verträgt keinen Kunstdünger. Im Laufe der Jahre wird diese liebliche Pflanze Kolonien bilden, sich aussäen und ausbreiten.

Cypripedium calceolus (Gelber Frauenschuh) lässt sich wie ihre tropischen Verwandten schwer kultivieren und extrem langsam aufziehen. Wenn es aber gelungen ist, wachsen sie zu großen Büschen heran und liefern schöne Blüten. Sie gehören zu den abgehärtetsten Orchideen und kommen auch in Nordkanada und jenseits des Polarkreises vor. Verwandte Arten wachsen in Sibirien. Sie gedeihen in Töpfen ebenso gut wie in Rabatten.

Disa uniflora

Register